PESCI

2025

OROSCOPO

MINDFULNESS

Alexandre Tower

® © Tower Book Solution

Introduzione

Con un tocco di passione, dedizione e profonda consapevolezza, Alexandre Tower ci guida nel 2025, un anno che si apre come una tela bianca, pronta ad essere dipinta dalle innumerevoli influenze cosmiche che attraversano il nostro cielo.

In questo straordinario viaggio tra le stelle, l'autore affronta con empatia e curiosità i temi universali del passato, del presente e del futuro, portando in primo piano la connessione tra il nostro mondo interiore e l'universo che ci circonda.

L'oroscopo, in questo libro, diventa una chiave potente per capire non solo cosa ci riserva il destino, ma anche come possiamo vivere in armonia con esso, esplorando i misteri della nostra essenza attraverso l'arte della Mindfulness.

"OROSCOPO 2025 MINDFULNESS" non è solo una raccolta di previsioni astrologiche, ma un vero e proprio invito a vivere in modo consapevole, ad afferrare ogni opportunità che il futuro ci riserva, e a rendere ogni giorno speciale e significativo. In un mondo che corre veloce, dove l'incertezza e lo stress sembrano spesso dominarci, Alexandre ci propone una visione fresca e ottimista delle stelle, un'occasione per fermarsi, respirare, e riconnettersi con il proprio Io più profondo.

Il Passato, il Presente e il Futuro: Una Riflessione Astrale

La consapevolezza del passato è il primo passo per comprendere meglio il presente. Le stelle, infatti, non sono solo una mappa di ciò che accadrà, ma anche una riflessione sulle scelte che ci hanno portato fin qui.

Ogni segno zodiacale ha una storia, un cammino che è stato forgiato da esperienze, sfide e trionfi. Alexandre ci invita ad esaminare con uno sguardo attento e sensibile il nostro passato, affinché possiamo affrontare il futuro con maggiore lucidità e serenità.

Ogni segno, ogni pianeta, ogni transito planetario ci parla di ciò che siamo stati, e ciò che possiamo diventare. In questa prospettiva, l'autore ci mostra come ogni evento celeste non sia solo un'indicazione del nostro destino, ma un'opportunità per fare scelte consapevoli che possano arricchire la nostra vita.

Il presente, il qui e ora, è il luogo in cui possiamo esercitare la nostra forza. Ogni capitolo di questo libro non è solo una lettura passiva, ma una guida alla consapevolezza, dove l'invito a fare scelte più sagge è sempre accompagnato da suggerimenti concreti.

La riflessione sulla posizione dei pianeti e delle stelle nel nostro cielo è anche una riflessione su come possiamo vivere meglio oggi, su come possiamo usare gli strumenti che ci sono offerti dalla vita per superare le difficoltà e abbracciare le gioie del quotidiano.

Il futuro, dunque, non è mai un'idea fissa e ineluttabile, ma un susseguirsi di opportunità che possiamo modellare con la nostra coscienza e presenza mentale. L'autore ci invita a guardare il futuro non con paura, ma con entusiasmo, come un viaggio che ci porta verso nuovi orizzonti, nuovi amori, nuove scoperte. Ogni previsione, ogni analisi astrale, viene intrisa di ottimismo. Le stelle, infatti, non sono solo guide di ciò che accadrà, ma anche specchi di ciò che possiamo diventare, se ascoltiamo il nostro cuore e seguiamo la nostra via con coraggio e apertura.

L'Ottimismo dei Capitoli: "Cosa Accadrà di Meraviglioso"

Uno degli aspetti più affascinanti e coinvolgenti di "OROSCOPO 2025 MINDFULNESS" è senza dubbio la sezione intitolata "Cosa Accadrà di Meraviglioso".

Qui, ogni mese è attraversato da un alone di magia e ottimismo. In un'epoca dove spesso i media e la società ci propongono immagini di incertezza e disillusione, Alexandre ci invita a sognare. Ogni capitolo non si limita a predire ciò che accadrà, ma ci spinge ad abbracciare le opportunità, ad essere grati per ogni piccolo miracolo quotidiano e a coltivare la speranza. "Cosa Accadrà di Meraviglioso" è una celebrazione della bellezza della vita, della capacità umana di trasformare ogni momento in qualcosa di straordinario.

Ogni mese, infatti, viene accompagnato da una previsione che non è solo un'opportunità astrologica, ma un invito a riflettere sulle risorse interiori che possiamo attingere per rendere la nostra esistenza più soddisfacente e felice. Ogni lettore sarà in grado di sentirsi ispirato a realizzare il meglio di sé, a fare delle scelte che lo condurranno verso una crescita personale senza precedenti. L'ottimismo risuona in ogni riga, infondendo una sensazione di serenità e forza che fa emergere la consapevolezza del potere che ciascuno di noi ha nella propria vita.

La Cucina come Viaggio Sensoriale: Le Ricette di Ogni Mese

Nel cuore di "OROSCOPO 2025 MINDFULNESS" c'è una sezione che unisce la cura per l'anima a quella per il corpo: le ricette eccezionali. Ogni mese è accompagnato da una ricetta che non solo nutre, ma trasforma l'esperienza quotidiana in un viaggio sensoriale, stimolando i nostri sensi e arricchendo il nostro spirito.

Con l'intento di rendere l'esperienza culinaria tanto consapevole quanto piacevole, Alexandre ha creato piatti che celebrano la semplicità e la bontà degli ingredienti freschi, pensati per nutrire il corpo e l'anima.

Le ricette, infatti, sono pensate per diventare dei rituali di mindfulness, per invitare ogni lettore a concentrarsi sul presente, a rallentare e a godere appieno di ciò che sta preparando. Dall'uso di erbe aromatiche ai piatti più elaborati, la cucina diventa un atto di cura e amore verso se stessi.

Per ogni mese, il lettore troverà un piatto che si sposa perfettamente con le energie astrali di quel periodo, un modo per sentirsi più in armonia con l'universo, utilizzando il cibo come uno strumento di crescita e consapevolezza.

Le ricette di questo libro non sono solo un modo per soddisfare i corpo, ma un'opportunità per creare connessioni profonde con ciò che mangiamo.

Ogni piatto è un invito a fermarsi, a respirare, a godere del momento presente.

Non importa se si tratta di una semplice zuppa o di un piatto complesso: ogni ricetta è un'occasione per diventare più presenti, per portare consapevolezza in ogni gesto quotidiano.

Personaggi Famosi: Le Stelle che ci Guidano

Ogni mese, il libro ci regala anche un capitolo speciale dedicato ai personaggi famosi nati sotto il segno zodiacale di quel mese. Attraverso le loro storie, possiamo ispirarci e trarre lezioni di vita, imparando da chi ha affrontato le sfide con successo e determinazione.

Le vite di questi personaggi, noti per il loro talento, la loro creatività e il loro spirito intraprendente, diventano esempi tangibili di come le stelle possano influenzare il nostro destino, ma anche di come la volontà e l'impegno possano fare la differenza. Ogni capitolo si arricchisce di racconti che ci invitano a non solo a sognare, ma anche a intraprendere azioni concrete per realizzare i nostri sogni.

Le storie di questi personaggi famosi ci ricordano che, come loro, anche noi possiamo tracciare la nostra strada verso il successo, vivendo in armonia con le forze universali che ci guidano.

Mindfulness: L'Arte di Vivere Consapevolmente

Infine, uno degli aspetti più affascinanti di questo libro è la sezione di Mindfulness. Per ogni mese, infatti, troverete consigli pratici, esercizi di consapevolezza e suggerimenti su come vivere ogni giorno con maggiore presenza.

L'Autore non si limita a dare consigli astrologici, ma integra perfettamente l'insegnamento della mindfulness con le previsioni astrologiche, invitando i lettori a essere più presenti, più consapevoli e più felici.

La Mindfulness non è solo una pratica, ma uno stile di vita che può essere applicato ad ogni aspetto della nostra esistenza.

I consigli di mindfulness contenuti nel libro vi guideranno attraverso esercizi pratici, come meditazioni, respirazioni e riflessioni quotidiane, che vi aiuteranno a restare ancorati al presente, a gestire lo stress e a sviluppare una visione più serena e consapevole della vita.

"OROSCOPO 2025 MINDFULNESS" è molto più di un semplice oroscopo: è un viaggio di crescita personale, un'opportunità per vivere con maggiore consapevolezza, serenità e gioia. In questo libro, ogni lettore troverà una guida che unisce l'astrologia, la mindfulness, la cucina e l'ispirazione per affrontare l'anno con ottimismo. Che tu sia un appassionato di astrologia o che stia cercando un modo per vivere con maggiore consapevolezza, questo libro ti offrirà gli strumenti per farlo.

Il 2025 si prospetta un anno di scoperte, di consapevolezza e di magia.

Poesia per i Pesci

Pesci, il tuo cuore è un mare profondo,
Dove i sogni si perdono e poi si ritrovano,
Ogni emozione che hai è un viaggio nel mondo,
Ogni pensiero che fai è un angelo che vola.

Nel silenzio ascolti le voci del mare,
Ogni sogno che tocchi diventa realtà,
Con il cuore che palpita in ogni istante,
Pesci, sei il sogno di ogni verità.

Nel tuo cuore c'è un mondo che non vediamo,
Ogni gesto che fai è un dono sincero,
Ogni sogno che fai è un viaggio che amiamo,
Nel tuo cuore c'è un sogno

che mai diventa intero.

Pesci, la tua anima è dolce e profonda,
Nel tuo cuore la luce non svanisce mai,
Ogni passo è un sorriso che inonda,
Nel mondo tu sei il sogno che mai si spegne.

P E S C I

Oroscopo di Gennaio – Pesci

Gennaio per il segno dei Pesci è un mese in cui si troveranno a navigare tra sogno e realtà, tra riflessione e azione. Con il Sole in Capricorno, il cielo vi invita a riflettere sul vostro percorso, su quello che volete realizzare e su ciò che dovete ancora fare per raggiungere i vostri sogni.

Ma, mentre le stelle vi spingono a guardare al futuro, Nettuno, il vostro pianeta guida, fa da contraltare, portando con sé una sensazione di fluidità e di incertezza. Il messaggio di gennaio per voi è chiaro: **dovete imparare a danzare tra le onde**, a navigare senza paura dei cambiamenti.

In questo mese, le emozioni saranno forti, ma il cielo vi invita a non perdere di vista l'obiettivo. Se vi siete trovati in una fase di introspezione profonda, ora è il momento di cominciare a fare luce sulle vostre reali intenzioni.

Non tutto è chiaro, ma l'intuizione sarà la vostra guida migliore.

Se state attraversando una situazione di confusione o di indecisione, non temete. Le stelle vi suggeriscono che a gennaio avrete tutto il tempo di riflettere, ma attenzione: **è il momento di iniziare ad agire**. Saturno, che transita in Acquario, vi aiuterà a fare ordine nelle vostre emozioni, a mettere radici nella vostra visione del futuro.

Cosa dicono le stelle?

Le stelle vi invitano a riflettere e a fare chiarezza. Gennaio è il mese ideale per dedicarsi a ciò che vi sta davvero a cuore. Il passaggio del Sole in Capricorno porta un'energia di riflessione e concretizzazione, ma non dimenticate mai di ascoltare il vostro cuore. Le emozioni saranno profonde, ma equilibrate grazie all'influsso di Saturno in Acquario.

Cosa dicono i pianeti?

Il vostro pianeta, Nettuno, in Pesci, vi spinge a seguire l'intuizione e il sogno. Giove in Ariete, invece, vi incita a rompere con la routine e a dare una spinta alle vostre ambizioni. Urano in Toro, con la sua spinta innovativa, vi porterà ad esplorare nuove prospettive nella vita quotidiana.

Cosa accadrà di meraviglioso?

La grande opportunità di gennaio è quella di **riscoprire se stessi**. Questo mese vi porterà un'opportunità di rinnovamento, ma dovrete essere pronti a lasciar andare tutto ciò che non vi serve più, per far posto a nuove possibilità. Siate pronti ad affrontare i vostri sogni più ambiziosi e a mettere in pratica ciò che finora avete solo immaginato.

Pianta del mese: Camomilla

La camomilla è una pianta che simboleggia la tranquillità e il rilassamento. Ha proprietà calmanti e purificanti, perfetta per il segno dei Pesci che tende a lasciarsi sopraffare dalle emozioni.

La camomilla vi aiuterà a mantenere la calma, a superare i momenti di ansia e a tornare in contatto con il vostro sé interiore.

Ricetta del mese: Tisana di Camomilla e Miele

In un mese di introspezione e tranquillità come gennaio, la camomilla è l'ideale. Questa tisana rilassante e confortante vi aiuterà a liberarvi dallo stress.

Ingredienti:

- 1 cucchiaio di fiori di camomilla secchi
- 1 tazza d'acqua
- 1 cucchiaino di miele (opzionale)
- 1 fettina di limone (opzionale)

Procedimento:

1. Mettete i fiori di camomilla in una tazza.
2. Bollite l'acqua e versatela sui fiori di camomilla.
3. Coprite la tazza e lasciate in infusione per 5-7 minuti.

4. Filtrate la tisana e, se desiderate, aggiungete il miele e una fettina di limone per un tocco di freschezza.
5. Bevetela lentamente e godetevi il relax che vi offre.

Personaggi famosi nati a gennaio

1. **Ellen DeGeneres** (26 gennaio 1958) – Comica e presentatrice televisiva.
2. **Oprah Winfrey** (29 gennaio 1954) – Personaggio televisivo.
3. **David Bowie** (8 gennaio 1947) – Musicista.
4. **Michelle Obama** (17 gennaio 1964) – Ex First Lady degli Stati Uniti.
5. **Kit Harington** (26 gennaio 1986) – Attore

Consiglio Mindfulness

Gennaio è il mese perfetto per **rimanere ancorati alla realtà, ma non dimenticare di sognare**. La mindfulness in questo mese vi invita ad imparare a bilanciare il pratico con l'immaginativo.

Fermatevi ogni giorno per qualche minuto, senza giudicare, senza fretta.

Respira profondamente e porta l'attenzione al momento presente. Iniziate con una semplice routine: **sedetevi comodamente**, chiudete gli occhi, e prendete tre respiri profondi.

Durante ogni inspirazione, immaginate di assorbire energia positiva, e durante l'espirazione, lasciate andare ogni tensione.

Concentra la mente su ciò che avete intorno e non cercate di fare troppo in fretta.

Il mese di gennaio vi chiede di essere presenti con ciò che accade nel qui e ora, senza preoccupazioni per il futuro.

L'esercizio di mindfulness del mese consiste nell'imparare a **lasciare andare i pensieri che vi distraggono** e a riportarvi al presente ogni volta che sentite la mente vagare.

La mente dei Pesci tende a vagare, a sognare, a perdersi nelle emozioni; perciò, la consapevolezza del respiro vi aiuterà a centrarvi e a **ritrovare pace interiore**.

Oltre a questo esercizio, dedicatevi anche a **scrivere i vostri sogni e le vostre sensazioni** in un diario, per riflettere su di essi con maggiore lucidità.

Prendetevi cura di voi stessi, ricordando che ogni piccolo passo è importante.

Gennaio è il mese in cui è possibile **creare equilibrio tra la realtà e il sogno**, e la mindfulness vi aiuterà a navigare in questo spazio con serenità.

Oroscopo di Febbraio – Pesci

Febbraio si presenta come un mese di grande evoluzione per i Pesci. Con il Sole in Acquario, il cielo invita il segno a un cammino di scoperta, ma anche di distacco. Questo mese, infatti, si tratterà di un'opportunità di **guardare la propria vita da una nuova prospettiva**, distaccandosi dalle emozioni pesanti per concentrarsi su ciò che è veramente importante. La presenza di Mercurio in Acquario, in sintonia con il Sole, porterà anche un'intensa attività mentale. Sarà un mese in cui avrete una visione più chiara e oggettiva delle cose, e vi accorgerete che ciò che pensavate fosse un ostacolo potrebbe rivelarsi un'opportunità di crescita.

Le emozioni che dominano il mese saranno sicuramente forti, ma non più confuse. Con Venere che entra in Ariete, ci sarà anche un invito a mettere a fuoco i propri desideri e a non permettere a nessuno di ostacolarvi. Anche se il cielo suggerisce di non rincorrere troppo il "perfezionismo", vi incoraggia a essere onesti con voi stessi. La vostra sensibilità sarà al massimo, ma con l'aiuto di Saturno in Acquario, vi sarà possibile mantenere una solida struttura che vi permette di crescere senza perdere la rotta. Febbraio diventerà quindi il mese ideale per seminare i **germogli di nuove opportunità** nelle vostre relazioni e nel vostro mondo interiore. Sarà un periodo di intuizioni forti e di nuovi inizi, in cui la consapevolezza vi guiderà a fare scelte più consapevoli e ragionate.

Cosa dicono le stelle?

Le stelle vi invitano a prendere distanza da ciò che vi pesa, ad abbracciare una visione più ampia della vita. È tempo di lasciare che le cose scivolino via senza eccessivo attaccamento. I Pesci, che sono spesso travolti dalle proprie emozioni, devono imparare a liberarsi dal bisogno di controllo, lasciando che l'universo faccia il suo corso. Mercurio in Acquario vi darà il giusto approccio pratico per trovare soluzioni concrete.

Cosa dicono i pianeti?

Mercurio in Acquario favorisce la comunicazione chiara e razionale, mentre Venere in Ariete accende il desiderio di novità e cambiamento nelle relazioni. Il cielo è pronto a darvi la possibilità di rinnovare vecchie abitudini e darvi la spinta necessaria per guardare oltre le paure. Giove in Toro favorisce le stabilità e vi invita a concentrarvi su ciò che vi fa sentire sicuri, ma senza essere troppo rigidi.

Cosa accadrà di meraviglioso?

Febbraio vi porterà nuove scoperte, sia nelle relazioni che nei vostri sogni. La possibilità di **abbracciare la vostra verità senza paura** è a portata di mano. Se avete dei dubbi, le stelle vi suggeriscono di lasciare spazio al nuovo, che si presenterà sotto forma di intuizioni o incontri inaspettati. Questo mese vedrete finalmente un avanzamento nella vostra evoluzione, con la possibilità di **creare legami più forti** e di gettare solide fondamenta per i sogni che coltivate da tempo.

Pianta del mese: Lavanda

La lavanda è una pianta che porta calma e serenità, proprio ciò di cui i Pesci hanno bisogno in un mese in cui le emozioni potrebbero scorrere più forti del solito. Con il suo profumo inconfondibile, aiuta a liberare la mente dallo stress e dalle ansie. Inoltre, simbolizza la **pace interiore**, la tranquillità e la purezza, che vi guideranno in questo mese di introspezione e crescita.

Ricetta del mese: Infuso di Lavanda e Camomilla

Questa tisana è perfetta per i Pesci, per aiutarli a calmare i nervi e a trovare la serenità durante un mese intenso. La combinazione di lavanda e camomilla è particolarmente potente per riequilibrare corpo e mente.

Ingredienti:

- 1 cucchiaio di fiori di lavanda secchi
- 1 cucchiaio di fiori di camomilla secchi
- 1 tazza d'acqua
- Miele a piacere

Procedimento:

1. Portate a ebollizione l'acqua.
2. Aggiungete i fiori di lavanda e camomilla e lasciate in infusione per 5-7 minuti.
3. Filtrate l'infuso e aggiungete un cucchiaino di miele se desiderate dolcificarlo.
4. Gustate l'infuso mentre vi rilassate, lasciando che l'aroma delicato vi avvolga.

Personaggi famosi nati a febbraio

1. **Ariana Grande** (26 febbraio 1993) – Cantante e attrice.
2. **Rihanna** (20 febbraio 1988) – Cantante e imprenditrice.
3. **Abraham Lincoln** (12 febbraio 1809) – 16° Presidente degli Stati Uniti.
4. **Charles Dickens** (7 febbraio 1812) – Scrittore.
5. **Steve Jobs** (24 febbraio 1955) – Apple.

Consiglio Mindfulness

Febbraio è il mese giusto per **aprire il cuore alla possibilità di cambiamento**, ma anche per radicare il corpo e la mente nel momento presente.

La mindfulness in questo mese vi invita ad **accogliere la novità senza paura**.

Imparate a stare nel flusso, a non aggrapparvi troppo ai vecchi schemi mentali che vi limitano.

Se vi accorgete di essere sopraffatti dalle emozioni o dai pensieri, **respirate profondamente** e dedicate qualche minuto alla pratica della consapevolezza del respiro.

Ogni volta che sentite che la mente si perde in ansie o preoccupazioni, tornate semplicemente al vostro respiro, alle sensazioni del corpo.

La **pratica del respiro consapevole** vi aiuterà a mantenere la calma e la lucidità in mezzo al caos delle emozioni.

Il mese di febbraio vi invita anche a sviluppare la consapevolezza di ciò che vi accade dentro.

Ogni emozione che provate, ogni pensiero che attraversa la vostra mente, è un'opportunità per **osservare senza giudicare**. La mindfulness vi aiuterà a capire come reagite alle emozioni, come le accogliete e come scegliete di rispondere.

Accogliete le vostre emozioni con compassione, senza respingerle o cercare di cambiarle.

Solo così riuscirete a liberare la mente dai pesi inutili e a sentirvi più leggeri.

Praticate la mindfulness durante il mese di febbraio non solo per trovare calma, ma anche per **vivere in armonia con voi stessi**.

Sentite il corpo che cambia, le sensazioni che emergono, e permettete a questo processo di avvenire con serenità, senza resistenza.

Oroscopo di Marzo – Pesci

Marzo segna un momento di grande rinnovamento per i Pesci. Con il Sole che entra in Ariete e Venere che si sposta verso il segno dei Gemelli, questo è un mese che porta freschezza, nuovi inizi e un'ondata di energie positive. La transizione del Sole dall'Acquario all'Ariete segnerà un periodo di forte dinamismo e voglia di agire. Sebbene l'inizio del mese porti una forte carica energetica, il segno dei Pesci non si farà sopraffare dalla fretta: la loro capacità di essere riflessivi ed empatici farà sì che sfruttino al meglio le opportunità, senza perdere di vista il loro equilibrio emotivo. Marzo, infatti, si presenta come un mese che promuove il **rinnovamento** e la **ricerca di un nuovo equilibrio**. La Luna Nuova in Pesci del 6 marzo sarà un momento speciale per avviare nuovi progetti, coltivare sogni e dare forma a visioni future. Le energie del mese vi spingeranno a liberare la mente da ogni forma di dubbio e a **seguire il vostro cuore** con rinnovata fiducia. Tuttavia, con il passaggio di Mercurio in Pesci dal 9 marzo, i Pesci potrebbero risentire di una leggera confusione mentale. La **comunicazione** sarà un tema centrale e sarà importante fare attenzione a non perdersi in fraintendimenti o a frazionare troppo l'energia. La chiave sarà l'ascolto e la comprensione profonda di sé e degli altri.

A livello emotivo, marzo porterà un profondo bisogno di auto esplorazione e crescita personale. Il cielo vi invita a fare un passo indietro per riflettere su ciò che davvero desiderate dalla vita e sulle connessioni autentiche da coltivare. Con la presenza di Urano che si muove verso i Gemelli, potrebbe esserci un senso di movimento e cambiamento nella vostra vita sociale, ma anche nella vostra visione più personale. Urano stimola un desiderio di **liberazione e innovazione**, e sarà essenziale imparare a gestire il desiderio di rompere le vecchie abitudini con la necessità di continuare a costruire su basi solide. **Rinnovare senza distruggere**, questo è il tema del mese per i Pesci.

Cosa dicono le stelle?

Le stelle parlano di **creatività** e **rinnovamento** per il segno dei Pesci. Marzo vi invita a **ripensare ai vostri sogni** e ad avventurarvi in nuove esperienze senza paura del fallimento. Le energie astrali supportano i cambiamenti che avverranno, ma non dimenticate di agire in modo riflessivo, prendendo tempo per ascoltare il vostro io profondo. Il cielo è di supporto per chi è disposto a rischiare, ma sempre con un cuore gentile.

Cosa dicono i pianeti?

La Luna Nuova in Pesci il 6 marzo è particolarmente significativa per i Pesci, poiché rafforza la loro connessione con il proprio intuito e le emozioni. Mercurio, che entra in Pesci il 9 marzo, porta una dose di introspezione che aiuterà a risolvere malintesi del passato e a manifestare nuove idee. Giove in Toro continua a favorire la stabilità e la crescita personale, mentre l'energia di Urano in Gemelli porterà la spinta a rompere le vecchie abitudini. La sensazione di rinnovamento sarà palpabile, ma dovrete mantenere la calma e la consapevolezza per non agire impulsivamente.

Cosa accadrà di meraviglioso?

Marzo è il mese giusto per **dare il via a nuovi sogni**, per abbracciare un nuovo corso nella vita. Potreste sentirvi ispirati e motivati a perseguire ciò che fino a questo momento vi è sembrato impossibile. La Luna Nuova sarà il punto di partenza per un periodo di crescita e trasformazione. Un incontro o una nuova opportunità potrebbero aprirvi una porta importante, e la **magia** che porterà questo mese potrebbe cambiare il vostro corso in maniera decisiva.

Pianta del mese: Camomilla

La camomilla è simbolo di **calma** e **guarigione**. Questa pianta aiuta i Pesci, che spesso si lasciano travolgere dalle emozioni, a ritrovare il giusto equilibrio.

La camomilla è perfetta per calmare la mente e rilassare il corpo. In questo mese, rappresenta il **benessere mentale e fisico** che i Pesci possono raggiungere attraverso il riposo e il rinnovamento interiore.

È un invito a prendervi cura di voi stessi e a cercare la pace interiore.

Ricetta del mese: Tisana alla Camomilla e Miele

Perfetta per i Pesci in cerca di calma, la tisana alla camomilla è un rimedio ideale per rilassarsi, favorire il sonno e ritrovare la serenità. Il miele, dolce e naturale, ne accentua le proprietà lenitive.

Ingredienti:

- 1 cucchiaio di fiori di camomilla secchi
- 1 tazza d'acqua
- 1 cucchiaino di miele (preferibilmente biologico)

Procedimento:

1. Portate l'acqua a ebollizione.
2. Aggiungete i fiori di camomilla e lasciate in infusione per 5-10 minuti.
3. Filtrate l'infuso e aggiungete il miele.
4. Bevete lentamente mentre vi rilassate, lasciando che la camomilla vi avvolga in un abbraccio di pace.

Personaggi famosi nati a marzo

1. **Albert Einstein** (14 marzo 1879) – Fisico e teorico.
2. **Rihanna** (20 febbraio 1988) – Cantante e imprenditrice.
3. **Daniel Craig** (2 marzo 1968) – Attore.
4. **Jessica Biel** (3 marzo 1982) – Attrice.
5. **Sarah Jessica Parker** (25 marzo 1965) – Attrice.

Consiglio Mindfulness

Marzo è il mese della **rinnovata energia**, un periodo ideale per concentrarsi sulla **scelta consapevole** di come rispondere alle situazioni.

La mindfulness, in questo caso, vi aiuterà a mantenere una mente calma e concentrata.

Ogni volta che vi sentirete sopraffatti dall'impulso di agire senza pensare, fermatevi un istante, **respirate profondamente** e lasciate andare il bisogno di controllare ogni dettaglio.

La consapevolezza di sé è la chiave per evitare che il caos interiore influenzi le vostre azioni.

Per i Pesci, marzo è il momento di **ascoltarsi davvero**, senza le distrazioni dei pensieri esterni.

Prendetevi qualche minuto al mattino, appena svegli, per sedervi in silenzio, chiudere gli occhi e ascoltare ciò che il vostro corpo e la vostra mente vi stanno dicendo.

Chiedetevi cosa desiderate veramente da questo mese e lasciate che la vostra intuizione guidi le vostre scelte. La mindfulness non significa solo rilassamento, ma anche **potenziamento del vostro intuito**.

Ogni momento è un'opportunità per fare una scelta consapevole, per lasciar andare ciò che non serve e per abbracciare il nuovo con il cuore aperto. Concludiamo così il mese di marzo per il segno dei Pesci, un mese di risveglio e di rinnovamento interiore.

La consapevolezza e la mindfulness vi guideranno attraverso questo periodo di trasformazione, aiutandovi a prendere decisioni più consapevoli e ad affrontare le sfide con serenità e coraggio.

Oroscopo di Aprile – Pesci

Aprile per i Pesci si apre con un'esplosione di **energia creativa**. Con il Sole che continua il suo percorso in Ariete, e la presenza di **Giove** in Toro che stimola la crescita personale, questo è un mese di **trasformazione interiore** e di **espansione**.

I Pesci, segno di grande sensibilità ed empatia, si troveranno ad affrontare una serie di opportunità che richiederanno sia una forte introspezione che l'abilità di muoversi nel mondo con fiducia.

La **Luna Piena in Bilancia** del 6 aprile accenderà i riflettori sulle relazioni interpersonali, spingendovi a riflettere su ciò che cercate davvero nei vostri legami.

Non si tratterà solo di bilanciare ciò che date e ricevete, ma di trovare un senso di **equilibrio e armonia** dentro di voi. In un mese così ricco di stimoli, è fondamentale **mantenere la centratura** e non farsi sopraffare dalla frenesia del mondo esterno.

L'influsso di **Nettuno**, il vostro governatore, in Pesci, continuerà a dare voce al vostro **mondo interiore**.

Le idee di cambiamento, le visioni e i sogni si presenteranno più chiari, ma attenzione a non lasciarvi trasportare troppo dalla corrente.

Nettuno è un pianeta che può facilmente ingannare, e questo mese, più che mai, sarà importante **radicarvi nella realtà** senza dimenticare le vostre aspirazioni più alte.

Sarà un mese favorevole per quei Pesci che desiderano **iniziare qualcosa di nuovo**.

Che si tratti di una nuova carriera, di un progetto creativo o di una nuova relazione, questo aprile offre una spinta positiva per quei cambiamenti che fino ad oggi sembravano troppo lontani o incerti.

Con **Venere** che entra in **Toro** il 10 aprile, l'amore sarà particolarmente presente, ma avrà bisogno di solidità e di **stabilità** per prosperare.

Le energie del mese vi invitano a **raggiungere un nuovo livello di consapevolezza**, sia nelle relazioni affettive che nelle dinamiche professionali.

La **Luna Nuova in Toro** il 20 aprile farà emergere il desiderio di stabilità, e proprio in questo periodo potrete fare scelte che porteranno benefici a lungo termine, sia sul piano pratico che emotivo.

Aprile sarà anche il mese ideale per fare spazio al **rinnovamento spirituale**. I Pesci, segno altamente sensibile e intuitivo, hanno un forte legame con il divino e il trascendente.

Durante questo mese, dedicarsi alla meditazione, al silenzio e alla contemplazione aiuterà a riscoprire quella **connessione profonda** con l'universo che vi nutre e vi sostiene.

Cosa dicono le stelle?

Le stelle, in aprile, vi invitano a essere **coraggiosi e sinceri** con voi stessi. Aprile è il mese giusto per rompere i legami che non vi servono più e fare spazio a quelli che vi permetteranno di crescere. Non abbiate paura di **esprimere i vostri sentimenti**.

La Luna Piena in Bilancia, infatti, creerà il giusto scenario per esprimere finalmente ciò che avete tenuto nascosto. Le relazioni che nasceranno in questo mese saranno significative e porteranno con sé un senso di **stabilità e crescita**.

Cosa dicono i pianeti?

Giove in Toro continua a influenzarvi positivamente, spingendovi a cercare una maggiore **stabilità interiore e professionale**. Venere in Toro stimola i desideri affettivi e la ricerca di una **relazione solida**. La **Luna Nuova** in Toro aiuterà a piantare **semi di crescita** che si svilupperanno nel lungo termine. Nettuno in Pesci continua a portarvi ispirazione e sogni, ma non dimenticate di fare attenzione a non lasciarvi accecare da illusioni. Marzo segna il **momento giusto** per radicarvi nei vostri sogni ma senza perdere di vista la realtà.

Cosa accadrà di meraviglioso?

Questo mese sarà un periodo di **grande manifestazione**. Aprile vi darà l'opportunità di seminare e iniziare a costruire qualcosa che crescerà nel tempo. Potrete vedere finalmente i **frutti** del lavoro fatto negli ultimi mesi.

Una nuova visione della vostra vita affettiva e professionale prenderà forma, e ciò che sembrava lontano ora sarà più vicino. Non abbiate paura di **rischiare** e di **mettervi in gioco**: la sicurezza arriverà quando vi concederete di aprirvi all'ignoto.

Pianta del mese: Lavanda

La lavanda è simbolo di **serenità** e **equilibrio**. In questo mese, i Pesci avranno bisogno di ritrovare **pace interiore** e la lavanda è perfetta per promuovere il rilassamento e la calma mentale. Questa pianta rappresenta anche la capacità di **affrontare le sfide con una mente serena**, senza lasciarsi sopraffare dalle emozioni.

Ricetta del mese: Tisana alla Lavanda e Limone

Una tisana perfetta per i Pesci, che li aiuterà a rilassarsi e a ritrovare la serenità. La lavanda calma la mente, mentre il limone stimola il sistema immunitario.

Ingredienti:

- 1 cucchiaino di fiori di lavanda essiccati
- 1 tazza di acqua
- Succo di mezzo limone
- 1 cucchiaino di miele (facoltativo)

Procedimento:

1. Portate l'acqua a ebollizione e aggiungete i fiori di lavanda.
2. Lasciate in infusione per 5 minuti.
3. Filtrate l'infuso e aggiungete il succo di limone.
4. Se desiderate, aggiungete un cucchiaino di miele per dolcificare.
5. Bevete la tisana lentamente, lasciandovi avvolgere dalle sue proprietà rilassanti.

Personaggi famosi nati ad aprile

1. **Leonardo da Vinci** (15 aprile 1452) –

Artista e inventore.

2. **Emma Watson** (15 aprile 1990) – Attrice e attivista.
3. **Maria Sharapova** (19 aprile 1987) – Tennista.
4. **Robert Downey Jr.** (4 aprile 1965) – Attore.
5. **Marlon Brando** (3 aprile 1924) – Attore.

Consiglio Mindfulness

Aprile è il mese ideale per **coltivare la pace interiore**. La mindfulness, in questo periodo, vi aiuterà a mantenere una visione chiara e una mente tranquilla.

Per i Pesci, che sono spesso portati a farsi travolgere dalle emozioni, questo mese sarà il momento giusto per esercitare la **consapevolezza** e concentrarsi su ciò che è **importante e vero**.

Vi invito a dedicare ogni giorno alcuni minuti alla **respirazione consapevole**.

Questo semplice atto vi aiuterà a mantenere il **centro** in un mese che, pur ricco di stimoli, potrebbe portare qualche confusione.

Fermatevi, ogni tanto, e chiedetevi: "Cosa mi sta dicendo il mio corpo in questo momento?"

Ogni volta che sentite il bisogno di scappare o di perdere il controllo, fermatevi, **respirate profondamente** e lasciate andare le paure.

Lasciate che ogni pensiero, ogni emozione, venga accolto con **compassione** senza giudizio. Ricordate che la serenità non è un luogo che raggiungiamo, ma un atteggiamento che possiamo **coltivare giorno dopo giorno**.

Concludiamo il mese di aprile con un invito a rimanere centrati e a **coltivare l'equilibrio**.

La mindfulness sarà il vostro strumento per rimanere in sintonia con le energie che circondano il segno dei Pesci in questo periodo di trasformazione e rinnovamento.

Oroscopo di Maggio – Pesci

Maggio per i Pesci segna un periodo di intensa **auto-riflessione**. Il cielo di maggio offre un'energia stimolante, con il **Sole** e **Mercurio** che si spostano nel segno del **Toro**, portando con sé un vento di **pragmatismo** e **solidità**.

I Pesci, abituati a seguire le correnti emotive e a nuotare nelle acque del sogno, si troveranno a doversi confrontare con la necessità di prendere **decisioni concrete** e di **manifestare** nella realtà ciò che fino a poco tempo fa era stato solo un sogno.

Con l'energia della **Luna Nuova** in Toro il 19 maggio, i Pesci sentiranno una forte spinta a **rinnovarsi**, a stabilire nuove **fondamenta** nelle proprie relazioni e nel lavoro. Potrebbero emergere riflessioni sulla propria vita finanziaria, sulla gestione delle risorse, e su come poter ottenere una **maggiore sicurezza**. La sfida di maggio sarà quindi quella di **tradurre** la vostra creatività e sensibilità in azioni pratiche che vi portino concretamente verso il futuro.

Questo mese vedrà anche il passaggio di **Giove** in Toro, che accentua il desiderio di stabilità, di crescita personale, ma anche il bisogno di ritrovare un **equilibrio tra spiritualità e realtà quotidiana**. I Pesci potrebbero sentirsi più inclini a **cercare risposte profonde** su come integrare il loro mondo interiore con la necessità di costruire una vita più stabile.

L'influsso di **Venere** in Cancro a partire dal 7 maggio darà un forte accento sulle **relazioni affettive**. Maggio sarà un mese ideale per approfondire i legami familiari, ma anche per instaurare connessioni più intime e sincere con chi vi sta vicino. Non abbiate paura di **scoprire** e **aprirvi** ai sentimenti più profondi: questo è un periodo di **crescita emotiva**.

Ma attenzione: i Pesci, troppo abituati a vivere nel loro mondo emotivo, potrebbero rischiare di perdersi in **fantasie o illusioni**. La chiave di questo mese è quindi trovare un giusto **equilibrio**, imparando a essere **realistici** senza però perdere il contatto con la propria essenza più profonda.

Maggio, quindi, si prospetta come un mese di **decisivi passi in avanti**: è tempo di seminare le basi per un futuro prospero, ma anche di **affrontare con coraggio** le sfide che la vita vi metterà davanti.

È un periodo che incoraggia il **rinnovamento**, soprattutto se avete il coraggio di uscire dalla zona di comfort e **affrontare le vostre paure**.

Cosa dicono le stelle?

Le stelle, in maggio, chiedono ai Pesci di **radicarsi nel presente**. Le sensazioni più sottili e spirituali sono fortemente influenzate da Giove in Toro, ma la sfida di questo mese sarà quella di **portare queste sensazioni nel mondo materiale**. È il momento giusto per **pensare a lungo termine**, per **seminare** quello che vogliamo raccogliere in futuro. Le stelle suggeriscono di non dimenticare la **visione complessiva**, ma di agire con saggezza nei dettagli quotidiani.

Cosa dicono i pianeti?

Venere in Cancro favorisce i legami familiari, le relazioni intime e l'armonia tra il cuore e la casa. **Giove** in Toro dona la **forza** di costruire una vita che possa darvi **soddisfazione e serenità** nel lungo periodo.

Mercurio e **Sole** in Toro mettono l'accento sulla parte più **pratica** del vostro essere: il mese potrebbe portare nuove opportunità per stabilire una **crescita professionale** o finanziaria.

La **Luna Nuova** in Toro vi stimola a semplificare le vostre giornate e ad abbracciare il lato più tangibile e concreto della vita.

Cosa accadrà di meraviglioso?

Maggio sarà un mese di **realizzazione**: le **intenzioni** che avete coltivato nei mesi precedenti potrebbero finalmente iniziare a manifestarsi. Le cose sembrano prendere forma più concretamente, e ogni passo che farete vi avvicinerà sempre di più al raggiungimento dei vostri obiettivi. Le **relazioni familiari** e affettive saranno favorevoli, e potrete sentirvi particolarmente sostenuti dalle persone che amate. È il momento di **cogliere i frutti** di tanto lavoro interiore.

Pianta del mese: Spinaci

Gli **spinaci**, verdura di stagione, sono simbolo di **forza** e **rigenerazione**.

In maggio, con il vostro bisogno di **stabilità emotiva e fisica**, gli spinaci saranno perfetti per **nutrire il corpo** e aumentare la resistenza. Gli spinaci sono ricchi di **ferro**, vitamine e minerali, e sono particolarmente indicati per donare energia senza appesantire.

Questa pianta è anche simbolo di **rigenerazione**, perfetta per i Pesci che stanno affrontando il cambiamento.

Ricetta del mese: Risotto agli spinaci e limone

Un risotto fresco, nutriente e rigenerante, perfetto per il mese di maggio. Gli spinaci sono ricchi di ferro e minerali, mentre il limone dona freschezza e vitalità.

Ingredienti:

- 200g di riso Carnaroli
- 300g di spinaci freschi
- 1 limone (succo e scorza)
- 1 cipolla piccola
- 50g di burro
- 1 cucchiaio di olio d'oliva
- 1 litro di brodo vegetale
- 50g di parmigiano grattugiato
- Sale e pepe q.b.

Procedimento:

1. Iniziate facendo soffriggere la cipolla tritata finemente con un cucchiaio di olio d'oliva in una padella capiente.
2. Quando la cipolla è dorata, aggiungete il riso e fatelo tostare per un paio di minuti, mescolando bene.
3. Aggiungete poco alla volta il brodo vegetale caldo, mescolando costantemente per far cuocere il riso.

4. A parte, lavate gli spinaci e fateli appassire in una padella con il burro per circa 5 minuti.
5. Quando il riso è cotto, aggiungete gli spinaci, il succo di limone e la scorza grattugiata. Mescolate bene.
6. Mantecate con il parmigiano grattugiato e aggiustate di sale e pepe.
7. Servite il risotto caldo, decorando con una fetta di limone.

Personaggi famosi nati a maggio

1. **Adele** (5 maggio 1988) – Cantante.
2. **George Clooney** (6 maggio 1961) – Attore e regista.
3. **David Beckham** (2 maggio 1975) – Calciatore.
4. **Gigi Hadid** (23 maggio 1995) – Modella.
5. **John F. Kennedy** (29 maggio 1917) – Presidente degli Stati Uniti.

Consiglio Mindfulness

Maggio è il mese ideale per praticare la **gratitudine**.

Quando ci troviamo a dover affrontare grandi cambiamenti, come in questo mese, può essere facile concentrarsi solo sulle difficoltà o sulle cose che ci mancano.

Invece, il consiglio di mindfulness per maggio è di **prendere ogni giorno un momento** per fermarsi e riflettere su ciò che avete, apprezzando le **piccole cose** che vi arricchiscono.

Fermatevi cinque minuti al mattino per pensare a tre cose per cui siete grati.

Potrebbero essere anche le cose più semplici: una buona tazza di caffè, un sorriso di un amico, una passeggiata all'aria aperta.

La gratitudine aiuterà a **bilanciare il vostro umore** e a mantenerlo ancorato alla bellezza del presente.

Quando ci concentriamo sulle cose positive, diventiamo **più consapevoli** di quanto sia ricca e piena la nostra vita, e questo è particolarmente importante durante un mese di crescita come maggio.

Concludiamo il mese di maggio con l'invito a **radicarvi nel presente**, a essere **grati** per ciò che avete, e a usare la vostra sensibilità per creare un **equilibrio perfetto** tra il sogno e la realtà.

Oroscopo di Giugno – Pesci

Giugno si preannuncia come un mese di **rinnovamento** e **consolidamento** per i Pesci. Questo mese, con il **Sole** e **Mercurio** in **Gemelli**, segno di **comunicazione**, avrete l'opportunità di riflettere su come comunicare meglio le vostre emozioni e pensieri più intimi. Le parole e le connessioni mentali saranno centrali, e potreste sentirvi ispirati a **esprimervi** più liberamente e ad **abbracciare nuove prospettive**.

Giugno porta con sé anche una **Luna Piena in Sagittario** il 3 giugno, che vi invita a **liberare le emozioni represse** e a vedere le cose da un punto di vista più ampio.

È un periodo di grande apertura, dove il **cuore** e la **mente** si allineano, permettendovi di fare un grande passo avanti in termini di **auto consapevolezza**.

È il momento di **guardare oltre i confini** del quotidiano, e di ampliare la vostra visione del mondo.

Questa Luna Piena rappresenta una sorta di pulizia **emotiva** per i Pesci: potrebbero emergere delle **rivelazioni**, portando alla luce emozioni nascoste o **sospetti irrisolti**. Questo sarà un mese perfetto per prendere decisioni importanti in merito a relazioni, progetti o **nuove direzioni** da intraprendere. Se avete bisogno di chiarire delle situazioni, Giugno è il mese giusto per farlo.

I Pesci potrebbero sentirsi anche un po' più **sospesi** rispetto al resto del mondo. Questo può essere il periodo giusto per fare una riflessione interiore e **connettersi con il proprio io più profondo**. Le connessioni con l'altro, la famiglia e gli amici sono favorevoli, ma dovrete prestare attenzione a non entrare troppo nelle emozioni degli altri, perdendo il contatto con il vostro equilibrio interiore.

A metà mese, **Venere** entrerà in **Leone**, portando un'energia di **passione** e di **complicità** nelle relazioni amorose. Se avete una relazione stabile, questo periodo potrebbe portare maggiore intimità e maggiore connessione. I singoli Pesci saranno più magnetici che mai, e l'attrazione sarà a livelli altissimi. La passione è in arrivo, ma ricordatevi di non perdervi troppo nel gioco della seduzione: la vera connessione viene dalla sincerità.

Giove continua il suo transito in Toro, il che invita a **coltivare una nuova filosofia** della vita, una che includa un maggiore focus sul **benessere materiale** e sulla necessità di **costruire solide fondamenta** per il futuro. Non lasciatevi abbattere dalle difficoltà: avete la capacità di **costruire il vostro futuro** anche con piccoli passi.

Inoltre, con il passaggio di **Urano** in Gemelli, c'è una grande opportunità per i Pesci di essere più **creativi** e di trovare **nuove soluzioni** ai problemi che li assillano da tempo. Non abbiate paura di **rompere vecchie abitudini**: è un mese di **transizione**, e i Pesci sono pronti ad adattarsi ai cambiamenti con grande **flessibilità**.

Cosa dicono le stelle?

Le stelle in Giugno vi invitano a fare un grande passo in avanti, soprattutto per quanto riguarda **la comunicazione** con gli altri. Non abbiate paura di **dire la verità**, di **spiegare i vostri pensieri** in modo chiaro. È anche un buon momento per **aprirvi agli altri**, esprimendo i vostri bisogni più profondi e cercando un ascolto sincero. La **Luna Piena** in Sagittario vi spinge a uscire dalla vostra zona di comfort emotiva e a **guardare lontano**.

Cosa dicono i pianeti?

Mercurio in Gemelli vi aiuta a essere più **concisi** e **diretti**. La comunicazione con gli altri si fa più facile e chiara, mentre **Venere** in Leone potenzia il lato più affettuoso e passionale dei Pesci. Con **Giove** in Toro, il pianeta dell'espansione e della fortuna vi guida a fare scelte che costruiscano un futuro stabile, e che vi permettano di sentirvi soddisfatti dal punto di vista pratico ed emotivo.

Cosa accadrà di meraviglioso?

Giugno è un mese di **grande rivelazione** e di **illuminazione interiore**.

Le rivelazioni sulla vostra vita amorosa o su decisioni che avete a lungo procrastinato potrebbero emergere chiaramente. Sentirete un forte desiderio di **applicare ciò che avete imparato** durante il periodo di introspezione, e la possibilità di un nuovo inizio o una nuova connessione potrebbe fare capolino.

Non abbiate paura di guardare oltre, perché Giugno è il mese che può portare meravigliose opportunità.

Pianta del mese: Asparagi

Gli asparagi sono una pianta simbolo di **energia** e **rinascita**. Ricchi di proprietà disintossicanti, sono perfetti per i Pesci che devono riprendersi da emozioni pesanti.

L'asparago è anche simbolo di **rigenerazione**, rendendolo perfetto per il periodo di purificazione e rivelazione che i Pesci stanno attraversando in Giugno.

Ricetta del mese: Vellutata di asparagi e patate

Una vellutata leggera, ma ricca di **nutrienti** e **sostanze benefiche** per il corpo e la mente, ideale per un mese in cui il **rinnovamento** è al centro.

Ingredienti:

- 500g di asparagi freschi
- 3 patate medie
- 1 cipolla piccola
- 1 litro di brodo vegetale
- 50ml di panna fresca (opzionale)
- Olio d'oliva
- Sale e pepe q.b.
- Succo di limone q.b.

Procedimento:

1. Pelate le patate e tagliatele a cubetti.
2. Pulite gli asparagi e tagliateli a pezzetti.
3. In una pentola capiente, fate soffriggere la cipolla tritata in un po' di olio d'oliva.
4. Aggiungete le patate e gli asparagi, mescolando per un paio di minuti.
5. Versate il brodo vegetale e fate cuocere per circa 20 minuti, finché le verdure non sono morbide.
6. Frullate il tutto con un frullatore a immersione, aggiungendo la panna se desiderate una consistenza più cremosa.
7. Aggiustate di sale, pepe e una spruzzata di succo di limone.
8. Servite calda, guarnendo con un filo di olio d'oliva e qualche scaglia di parmigiano.

Personaggi famosi nati a Giugno:

1. **Angelina Jolie** (4 giugno 1975) – Attrice e regista
2. **Kanye West** (8 giugno 1977) – Musicista e produttore
3. **Morgan Freeman** (1 giugno 1937) – Attore
4. **Melania Trump** (26 giugno 1970) – Modella e First Lady
5. **Donald Trump** (14 giugno 1946) – Presidente degli Stati Uniti

Consiglio Mindfulness

Giugno è un mese che incoraggia il cambiamento, ma anche l'espressione autentica. Per i Pesci, è fondamentale che questo periodo non venga vissuto come una continua ricerca di risposte esterne, ma piuttosto come un invito a ascoltare e comprendere il proprio mondo interiore. Durante questo mese, il consiglio di mindfulness è quello di **praticare la consapevolezza delle emozioni** senza giudizio, imparando a separare ciò che sentite dal vostro **stato emotivo**. Per fare questo, dedicate qualche minuto ogni giorno a **osservare** senza giudicare il vostro stato d'animo. Se vi sentite sopraffatti, paure o ansie, cercate di non agitarvi o di fuggire da queste emozioni. **Accoglietele** come parte del vostro essere, semplicemente osservando come si manifestano nel corpo. "Dove si sentono queste emozioni? Sono nella pancia? Nelle spalle? Nella testa?"

Dopo aver osservato le emozioni senza giudicarle, **respirate profondamente** e lasciate che passino, come nuvole che si spostano nel cielo. La mindfulness aiuta a rendere visibile l'**impermanenza** delle emozioni: tutto passa, e questa consapevolezza porta calma. Quando vi concedete di **sentire completamente** senza resistere, imparate a conoscerle davvero, e di conseguenza potete trasformarle. Se vi sentite confusi o disorientati, è un buon momento per cercare un posto tranquillo, magari vicino alla natura, e concedervi di semplicemente **stare in silenzio**.

Giugno è un mese ideale per fare questo tipo di pratica, proprio perché l'energia della Luna Piena e l'ingresso di Giove in Toro sono orientate verso l'espansione della consapevolezza del corpo e della mente. Inoltre, l'ascolto delle proprie emozioni aiuta a **comunicare meglio** con gli altri, elemento che sarà particolarmente importante questo mese, quando la vostra mente e cuore saranno impegnati in discussioni più profonde e rivelatrici.

Quindi, il **consiglio mindfulness** di Giugno è: **Accogliete e osservate ogni emozione**, senza cercare di cambiarla subito.

Semplicemente, permettetevi di sentirla e respirare insieme ad essa.

Questo è il primo passo verso la serenità emotiva e la vera consapevolezza.

Oroscopo di Luglio – Pesci

Luglio è un mese che vi invita ad **ascoltare il vostro cuore** e a fidarvi della vostra intuizione, come mai prima d'ora. I Pesci, segno d'acqua governato da Nettuno, sono profondamente legati alla sfera emozionale e spirituale, e luglio li spingerà a riflettere su cosa vogliono veramente nella loro vita. Con **Venere** in **Leone**, l'amore e le relazioni saranno al centro del vostro mondo, ma non solo. Questo mese porterà anche un forte desiderio di **crescita personale**, che vi farà esplorare nuove possibilità e nuove visioni.

Il mese inizia con il **Sole** in **Cancro**, il che accentuerà il vostro bisogno di sentire una **connessione profonda** con la famiglia e gli amici, ma anche con il vostro passato. Questo è un periodo ideale per riflettere sulle vostre radici, per cercare di fare chiarezza su chi siete veramente, e su quali sono le **fondamenta emotive** che vi rendono forti e pronti ad affrontare il futuro.

La **Luna Nuova** in **Cancro** il 17 luglio vi spinge a rilasciare vecchi schemi mentali che non vi servono più. È il momento di mettere a fuoco ciò che è realmente importante per voi, e di concentrarvi sulle relazioni che nutrono la vostra anima, mentre quelle che non vi apportano nulla di positivo possono essere messe da parte.

Le energie lunari vi guideranno verso una **nuova visione**, che porta con sé una sensazione di **rinascita**.

A partire dalla seconda metà del mese, con il passaggio di **Mercurio** in **Leone**, la vostra mente sarà più chiara e pronta a comunicare ciò che avete nel cuore. Se avete progetti a lungo termine che riguardano la vostra carriera o il vostro futuro, luglio è il momento giusto per fare un passo in avanti. La fiducia in voi stessi crescerà, e sarete in grado di esprimere i vostri sogni con più chiarezza. L'energia di **Giove** in **Toro** supporta il tutto, rendendo ogni azione volta alla **realizzazione pratica** del futuro un successo.

Luglio è anche il mese ideale per **riappropriarvi delle vostre emozioni**: non c'è più bisogno di nascondere i vostri sentimenti. Piuttosto, si tratta di vivere con una **profonda autenticità**. La seconda metà del mese vedrà anche l'ingresso di **Marte** in **Vergine**, che vi aiuterà a focalizzarvi sulle vostre **ambizioni professionali**.

L'energia di Marte è perfetta per prendere **decisioni concrete**.

Cosa dicono le stelle?

Le stelle di luglio parlano di **riorganizzazione emotiva**, con un focus importante sulle relazioni familiari e sul vostro **bisogno di stabilità**. Vi sentirete particolarmente sensibili alle **dinamiche interpersonali**, e avrete voglia di mettere ordine nel vostro cuore. Questo mese, le emozioni avranno il potere di guidarvi verso nuove scelte, e il cielo invita a **cercare la verità** dentro di voi, anche se potrebbe sembrare una ricerca ardua.

Cosa dicono i pianeti?

Il **Sole** in **Cancro** porta un'energia di **riposo emotivo**. Vi invita a **coccolarvi**, a riposarvi e a tornare in sintonia con le vostre emozioni più profonde. **Venere** in **Leone** rafforza il vostro desiderio di **amore e connessione** incondizionata. La Luna Nuova in Cancro invita a lasciar andare e a dare nuova vita ai vostri sogni più intimi. Con **Marte** in **Vergine** a metà mese, avrete la **forza** e la **determinazione** per mettere in pratica i vostri progetti.

Cosa accadrà di meraviglioso?

Luglio porta un **rinnovamento emotivo** e un **cambio di prospettiva** che vi permetterà di vedere le cose da un'ottica nuova.

La Luna Nuova favorisce nuove iniziative che potrebbero essere l'inizio di un capitolo molto significativo della vostra vita.

La fiducia che riponete in voi stessi sarà alla base di tutti i vostri successi, e le **relazioni più profonde** prenderanno il sopravvento. Sarà un mese di **emozioni forti** e rivelazioni, che vi porteranno a crescere e a vedere la vita sotto una nuova luce.

Pianta del mese: Lavanda

La lavanda è simbolo di **pace** e **purificazione**. Questo mese, la lavanda può aiutarvi a **calmare la mente** e a favorire una sensazione di benessere interiore. Il suo profumo rilassante può accompagnarvi durante le riflessioni di luglio, mentre il suo colore viola aiuta a stimolare la **spiritualità**.

Ricetta del mese: Risotto alla Lavanda e Limone

Un piatto delicato e profumato, che combina l'intensità della lavanda con la freschezza del limone, perfetto per un mese di riflessione interiore e rinascita.

Ingredienti:

- 200g di riso Carnaroli
- 1 cucchiaio di fiori di lavanda essiccati
- 1 limone
- 1 cipolla piccola

- 50g di burro
- 1 litro di brodo vegetale
- 50g di parmigiano grattugiato
- Sale e pepe q.b.
- Olio d'oliva

Procedimento:

1. In una casseruola, fate soffriggere la cipolla tritata con un filo d'olio d'oliva.
2. Aggiungete il riso e tostatelo per 1-2 minuti.
3. Versate un mestolo di brodo caldo e mescolate. Continuate ad aggiungere il brodo un po' alla volta, fino a quando il riso non è al dente.
4. A metà cottura, aggiungete i fiori di lavanda e la scorza grattugiata di limone.
5. Quando il risotto è pronto, mantecatelo con burro e parmigiano, aggiustate di sale e pepe.
6. Servite caldo, decorando con qualche fiore di lavanda fresco.
7.

Personaggi famosi nati a Luglio:

1. **Tom Hanks** (9 luglio 1956) – Attore
2. **Nelson Mandela** (18 luglio 1918) – Leader politico
3. **J.K. Rowling** (31 luglio 1965) – Autrice della saga di Harry Potter

4. **George W. Bush** (6 luglio 1946) – Ex presidente USA
5. **Frida Kahlo** (6 luglio 1907) – Artista

Consiglio Mindfulness

Luglio è un mese in cui i Pesci, governati da Nettuno, sono chiamati a **connettersi con la loro essenza più profonda**.

Le energie planetarie di luglio favoriscono l'introspezione e il riconoscimento dei propri bisogni più autentici.

Il consiglio mindfulness di questo mese è **praticare l'ascolto profondo del cuore**, che richiede il coraggio di stare con le proprie emozioni senza giudizio e senza la necessità di trovare immediatamente soluzioni.

La **mindfulness** in luglio si concentra sull'idea di **presenza**. Mentre i Pesci possono sentirsi più sensibili e vulnerabili, è fondamentale permettere a se stessi di **vivere nel momento presente**, senza aggrapparsi al passato o proiettarsi troppo nel futuro.

Respirare profondamente, **stare nel corpo**, e **sentire le emozioni senza reazioni impulsive** sono gli strumenti principali per rimanere centrati.

La mindfulness in questo contesto non significa eliminare le emozioni difficili, ma piuttosto imparare a **osservarle** come se fossero nuvole che passano nel cielo.

Non dobbiamo identificare ogni emozione come parte di chi siamo; al contrario, dobbiamo imparare a separare il nostro **essere** dalle nostre emozioni.

Durante questo mese, **prendere una pausa** ogni volta che sentite una forte emozione è un ottimo strumento mindfulness. Fermatevi per qualche istante, **respirate**, **ascoltatevi** e **osservate come vi sentite**.

Spesso, i Pesci tendono a immergersi completamente nelle emozioni, ma la mindfulness insegna a fare uno spazio tra l'emozione e la reazione.

Questo può richiedere pratica, ma con il tempo diventerà naturale. Inoltre, l'**ascolto attivo** delle vostre emozioni senza volerle cambiare vi permetterà di vivere con maggiore **serenità interiore**.

Ogni emozione che emerge è una chiave per la vostra crescita: **accoglietela senza giudizio** e osservatela come una parte del vostro viaggio.

Oroscopo di Agosto – Pesci

Agosto per i Pesci sarà un mese di **grande rivelazione interiore**. Le stelle in questo periodo si allineano per stimolare la vostra crescita emotiva e spirituale. Mentre **Marte** entra in **Vergine** e **Venere** inizia a muoversi in **Leone**, avrete una spinta verso il **cambiamento** nelle dinamiche di relazione e nel modo in cui vi percepite voi stessi. La tensione tra questi movimenti planetari può rendervi più sensibili, ma vi darà anche l'opportunità di esplorare aspetti più profondi della vostra personalità.

La **Luna Piena** in **Acquario** il 22 agosto vi inviterà a **rilasciare vecchi legami e schemi emotivi** che non vi servono più. Sarà una chiamata ad essere più **autentici** con voi stessi, a rompere con le convenzioni e a guardare al futuro con occhi nuovi. Le emozioni durante questa fase potrebbero essere particolarmente forti, ma saranno anche liberatorie. Se sentite che qualcosa vi opprime, è il momento di fare **un passo indietro**, riflettere e **decidere cosa lasciar andare**.

Inoltre, il mese di agosto porterà con sé un focus significativo sulle **relazioni romantiche**. Con **Venere** in **Leone**, il desiderio di connessioni intense e genuine sarà forte. Le relazioni che sono autentiche e appaganti diventeranno il fulcro della vostra attenzione. Ma non solo l'amore, anche le **amicizie** e i **legami familiari** saranno particolarmente stimolanti. Siate pronti ad accogliere nuove opportunità di crescita emotiva anche attraverso gli altri. Le stelle vi invitano ad essere più **aperti**, a **diventare vulnerabili** senza paura, perché è in questo spazio di apertura che troverete una **forte connessione con il mondo circostante**.

Con l'ingresso di **Mercurio** in **Vergine** il 5 agosto, la vostra mente sarà più lucida e pronta ad affrontare qualsiasi sfida logica. Vi aiuterà a vedere le cose in modo chiaro e razionale, rendendo il mese ideale per risolvere questioni pratiche legate alla casa o al lavoro. La spinta verso l'ordine e la precisione è forte, ma non dimenticate di mantenere un po' di spazio per la vostra sensibilità, che vi permette di **entrare in sintonia con il mondo invisibile** e spirituale.

Giove in **Toro** continua ad amplificare il vostro desiderio di **crescita personale**. Insieme a **Nettuno** nel vostro segno, vi stimola a guardare oltre il quotidiano e ad immergervi nella ricerca di un significato più profondo. Si prevede che agosto sarà un mese di **grande ispirazione creativa**, dove avrete l'opportunità di **esplorare nuove strade** che arricchiranno il vostro cammino.

Cosa dicono le stelle?

Le stelle di agosto sono una combinazione di sfide e opportunità per i Pesci. La **Luna Piena** in Acquario suggerisce che sia il momento di **fare un passo indietro** per riflettere su quali aspetti della vita abbiano bisogno di cambiamento. Agosto porta con sé il desiderio di **indipendenza emotiva**, ma anche la necessità di essere più presenti nelle relazioni che contano davvero. Il cielo vi incoraggia a **trovare il giusto equilibrio tra libertà e legami**.

Cosa dicono i pianeti?

Venere in **Leone** mette in risalto l'importanza della passione nelle relazioni, mentre **Marte** in **Vergine** vi aiuterà a concentrarvi su ciò che è **pratico e realizzabile**. L'energia di **Giove** in **Toro** continua a spingervi verso un rinnovato interesse per la crescita personale, mentre **Mercurio** in **Vergine** vi fornirà l'opportunità di **chiarire situazioni** che vi preoccupano da tempo.

Cosa accadrà di meraviglioso?

Il mese di agosto porta con sé un **senso di rinascita**. La Luna Piena vi darà l'opportunità di lasciare andare ciò che non serve più, favorendo un **nuovo inizio**. L'energia planetaria rafforza la vostra voglia di **creare qualcosa di significativo**. Siate pronti a fare scelte coraggiose che vi portano verso una versione di voi stessi più forte, più autentica e più libera.

Pianta del mese: Menta Piperita

La **menta piperita** è una pianta che stimola la mente e aiuta a **rinfrescare** la percezione. È ideale per il mese di agosto, quando i Pesci devono **rimanere centrati** e liberi dalle distrazioni. Inoltre, la menta è un eccellente rimedio naturale per favorire la digestione e migliorare il benessere fisico ed emotivo. È perfetta per aiutare a ritrovare la calma mentale e a **dare chiarezza**.

Ricetta del mese: Insalata di Cous Cous con Menta e Verdure Grigliate

Un piatto estivo che esprime freschezza e leggerezza, perfetto per rimanere equilibrati e **centrati** durante un mese di intense riflessioni emotive.

Ingredienti:

- 200g di cous cous integrale
- 1 zucchina
- 1 peperone rosso
- 1 melanzana

- 1 cipolla rossa
- Una manciata di foglie di menta fresca
- 2 cucchiai di olio d'oliva
- Il succo di un limone
- Sale e pepe q.b.

Procedimento:

1. Iniziate con la cottura del cous cous: seguite le istruzioni sulla confezione.
2. Nel frattempo, grigliate le verdure tagliate a fette (zucchina, peperone, melanzana e cipolla) con un filo d'olio d'oliva fino a che non siano ben dorate.
3. Una volta pronto il cous cous, fatelo raffreddare e mescolatelo con le verdure grigliate.
4. Aggiungete la menta fresca tritata e il succo di limone, mescolando delicatamente.
5. Condite con sale e pepe a piacere. L'insalata è pronta per essere gustata fresca, magari accompagnata da una bevanda dissetante come il tè alla menta.
6.

Personaggi famosi nati ad Agosto:

1. **Barack Obama** (4 agosto 1961) – Ex presidente degli Stati Uniti
2. **Madonna** (16 agosto 1958) – Cantante e attrice

3. **Ben Affleck** (15 agosto 1972) – Attore e regista
4. **Robert Redford** (18 agosto 1936) – Attore e regista
5. **Cameron Diaz** (30 agosto 1972) – Attrice

Consiglio Mindfulness

Per il mese di agosto, la pratica di mindfulness per i Pesci si concentra sul tema del **lasciare andare**.

In un periodo di **intensa crescita personale e relazionale**, è facile aggrapparsi alle emozioni e ai pensieri negativi che appesantiscono la mente.

Tuttavia, per vivere il mese con **serenità**, è fondamentale imparare a **liberarsi da ciò che non serve più**. Questo significa non solo abbandonare pensieri e convinzioni limitanti, ma anche liberare spazio nella mente per **essere presenti nel momento**.

Il consiglio mindfulness per i Pesci di agosto è di concentrarsi sull'**arte del respiro consapevole**. Quando le emozioni diventano troppo forti, fermatevi e **prendete un respiro profondo**. Sentite l'aria che entra nei vostri polmoni e rilasciate ogni tensione quando espirate. Questo semplice atto aiuterà a **calmare la mente** e a riportarvi nel presente.

La pratica quotidiana del respiro consapevole può essere un **ancora di salvezza** per non farvi sopraffare dalle emozioni.

Inoltre, è importante concedervi dei **momenti di solitudine** durante il mese di agosto. Anche se siete inclin a entrare in contatto con gli altri, la pratica della **solitudine consapevole** è essenziale per la vostra crescita.

Sedetevi in un posto tranquillo, chiudete gli occhi, e semplicemente ascoltate i suoni che vi circondano, **senza giudicarli**. Lasciate che il silenzio diventi il vostro alleato, in modo che possiate fare spazio ai vostri pensieri più profondi.

La solitudine consapevole vi aiuterà a vedere con chiarezza ciò che è veramente importante per voi.

Questa pratica mindfulness di ascolto profondo delle emozioni e di **lettura dei segnali interiori** vi aiuterà a navigare attraverso il mese con maggiore **equilibrio interiore**. Mentre agosto si svolge, ricordatevi che la vera forza dei Pesci risiede nella loro capacità di **essere in sintonia con le emozioni** senza esserne travolti. Con una pratica di mindfulness costante, avrete l'opportunità di crescere come individui e di fare scelte consapevoli per il vostro benessere.

Oroscopo di Settembre – Pesci

Settembre sarà un mese di profonda trasformazione per i Pesci. Con l'ingresso di **Mercurio** in **Vergine**, la vostra mente sarà particolarmente acuta e pronta ad affrontare sfide intellettuali. Questo sarà il periodo ideale per concentrare le vostre energie su progetti a lungo termine, quelli che richiedono precisione e dedizione. In più, la **Luna Nuova** in **Vergine** il 6 settembre darà il via a una fase di rinnovamento: sarà un momento perfetto per definire le vostre intenzioni, mettervi in gioco e focalizzarvi su nuove possibilità che riguardano la vostra carriera, la crescita personale o anche il vostro benessere fisico e mentale.

Questo mese, le **energie planetarie** vi invitano a riflettere su dove desiderate andare, ma anche a fare chiarezza su ciò che dovete lasciare indietro. Siete guidati da un'intuizione molto forte, grazie a **Nettuno** che continua a transitare nel vostro segno. Sebbene possiate sentire una connessione intensa con il vostro mondo interiore, settembre è anche un mese in cui **avrete bisogno di radicarvi** più che mai, trovare un equilibrio tra la vostra natura emotiva e il mondo pratico che vi circonda.

L'ingresso di **Venere** in **Bilancia** il 9 settembre accentua l'importanza delle relazioni e delle connessioni autentiche. Questo sarà un mese di **riavvicinamenti** o anche di nuovi incontri che vi aiuteranno a crescere emotivamente e a sentirvi più appagati. Attenzione però alla **Luna Piena** del 20 settembre, che potrebbe portare qualche emozione in superficie: siate pronti a **gestire le vostre emozioni** con delicatezza, ma senza paura di affrontarle. In questa fase, la **vulnerabilità** non sarà un ostacolo, ma una porta per scoprire **un'autenticità profonda**.

Settembre sarà anche un mese in cui potreste essere attratti da **attività creative**, come l'arte, la musica o la scrittura. Questo vi aiuterà a **esprimere ciò che sentite** dentro e a trovare una via di fuga sana dalle pressioni quotidiane.

Cosa dicono le stelle?

Le stelle di settembre vi invitano a riflettere sulla vostra crescita personale, in particolare per quanto riguarda il vostro cammino professionale e l'autosufficienza emotiva. Il cielo di settembre è perfetto per creare nuove opportunità che vi portano verso una maggiore indipendenza e autostima. Le **relazioni** giocheranno un ruolo fondamentale nel vostro mese, portando con sé sia riconciliazioni che nuovi legami significativi. L'energia della **Luna Piena** e della **Luna Nuova** sarà potente, portando con sé il desiderio di liberarsi da ciò che non serve più, ma anche di guardare con speranza al futuro.

Cosa dicono i pianeti?

Venere in Bilancia stimola l'armonia nelle relazioni e la bellezza nelle cose quotidiane. La posizione di **Mercurio in Vergine** aiuterà a focalizzare l'energia mentale sulle questioni pratiche e intellettuali. In contrasto con l'intensità emotiva di **Nettuno**, questi transiti vi spingono a cercare un equilibrio tra i vostri sogni e la realtà concreta. La **Luna Nuova** in Vergine sarà un ottimo momento per fare chiarezza e rimettervi in cammino verso nuovi obiettivi.

Cosa accadrà di meraviglioso?

Settembre sarà un mese di rivelazioni, sia personali che professionali. La possibilità di fare **grandi passi** verso il miglioramento di sé è dietro l'angolo, specialmente con la forza di Mercurio e della Luna Nuova che vi aiuteranno a **ragionare in modo chiaro** e strategico. Le **connessioni significative** che stringerete durante questo mese potrebbero rivelarsi fondamentali per il vostro percorso di vita. Se lavorate su un progetto personale o professionale, preparatevi a ricevere **risultati positivi** già verso la fine del mese.

Pianta del mese: Salvia

La **salvia** è simbolo di saggezza, chiarezza e protezione spirituale. Questo mese, la salvia sarà particolarmente utile per i Pesci, che potrebbero trovarsi a dover fare delle scelte importanti. La salvia aiuta a liberarsi dalle **energie stagnanti** e a mantenere la mente lucida. In cucina, la salvia è anche ottima per stimolare il sistema digestivo e favorire una buona circolazione. Usarla in infusi, tisane o nei piatti di tutti i giorni può portarvi calma e chiarezza.

Ricetta del mese: Zuppa di Lenticchie con Salvia e Pomodorini

Questa zuppa calda e nutriente è perfetta per il mese di settembre, quando il clima diventa più fresco e le giornate cominciano a cambiare.

Ingredienti:

- 300 g di lenticchie secche
- 1 cipolla
- 2 spicchi d'aglio
- 2 carote
- 2 coste di sedano
- 1 litro di brodo vegetale
- 200 g di pomodorini
- 6 foglie di salvia fresca

- 2 cucchiai di olio d'oliva
- Sale e pepe q.b.

Procedimento:

1. In una pentola capiente, soffriggete la cipolla, l'aglio, le carote e il sedano tritati con l'olio d'oliva fino a che non saranno morbidi.
2. Aggiungete le lenticchie e il brodo vegetale, portando a ebollizione. Abbassate la fiamma e fate cuocere per circa 40-45 minuti, o finché le lenticchie non saranno tenere.
3. Aggiungete i pomodorini tagliati a metà e le foglie di salvia, e lasciate cuocere per altri 5-10 minuti.
4. Aggiustate di sale e pepe. Servite la zuppa calda, magari accompagnata da crostini di pane integrale tostato.

Personaggi famosi nati a Settembre:

1. **Beyoncé** (4 settembre 1981) – Cantante e attrice
2. **Keanu Reeves** (2 settembre 1964) – Attore
3. **Zendaya** (1 settembre 1996) – Attrice e cantante
4. **Blake Lively** (25 settembre 1987) – Attrice
5. **Nikki Minaj** (8 settembre 1982) – Rapper e cantante

Consiglio Mindfulness

Settembre è un mese che vi invita a **rimanere ancorati alla terra** pur mirando verso il cielo, e la pratica della mindfulness sarà essenziale per questo.

Con tutti i movimenti planetari che accadono questo mese, la vostra energia emotiva potrebbe oscillare, ma per i Pesci, è il momento di imparare ad **ascoltare veramente** le vostre emozioni senza essere sopraffatti da esse.

Il consiglio mindfulness per il mese di settembre è focalizzato sulla **consapevolezza delle scelte** e su come queste scelte possano plasmare la vostra realtà.

Spesso, i Pesci si trovano ad essere guidati dalla corrente, facendosi travolgere dalle emozioni e dagli eventi esterni.

Tuttavia, **riprendere il controllo delle proprie azioni** attraverso il mindfulness è fondamentale per il benessere.

Per iniziare, praticate un momento di **respiro consapevole** ogni mattina. Prima di iniziare la giornata, fermatevi per cinque minuti, sedetevi in un luogo tranquillo, chiudete gli occhi e concentratevi solo sul respiro.

Inspirate profondamente, espandendo il vostro addome, e poi espirate lentamente.

Immaginate che con ogni respiro stiate **lasciando andare le preoccupazioni** della giornata precedente e permettete alla mente di essere vuota e aperta.

La mindfulness vi aiuterà anche a fare una distinzione tra **emozioni autentiche e pensieri automatizzati**. Spesso, i Pesci possono essere soggetti a **pensieri compulsivi** che non sono veramente vostri, ma che provengono dall'ambiente esterno o dalle vostre insicurezze. Durante il mese di settembre, dedicatevi a **distinguerli**, chiedendovi: "Questa emozione che sento è davvero mia o è il risultato di una situazione esterna che sto interpretando?".

Con il tempo, sarete in grado di **dissociare le emozioni autentiche da quelle non vostre**.

Inoltre, con l'inizio del mese di settembre, l'energia di **rinnovamento** che vi circonda invita a fare delle scelte consapevoli per la vostra crescita.

Quando vi trovate davanti a una decisione importante, praticate il mindfulness attraverso il **consiglio del "qui e ora"**. Non pensate troppo al futuro o rimuginate sul passato.

Focalizzatevi sul presente e sulla vostra capacità di scegliere in base a ciò che vi fa sentire bene.

Ogni scelta che fate, per quanto piccola, crea un impatto sul vostro futuro. Praticando la mindfulness, vi allenate a fare scelte più consapevoli e a vivere con maggiore serenità.

La mindfulness non riguarda solo il respiro, ma anche **la consapevolezza nelle azioni quotidiane**.

Mentre fate qualsiasi cosa, che si tratti di mangiare, camminare o lavorare, provate a farlo con piena consapevolezza, notando ogni dettaglio.

Rimanete **presenti in ogni momento**, senza distrazioni, e permettete alla vostra mente di essere libera da giudizi.

Questo mese, sarà fondamentale capire che siete **esseri capaci di scegliere la pace**, anche nei momenti più intensi.

La mindfulness vi aiuterà a mantenere l'equilibrio tra il vostro mondo interiore e quello esterno, portandovi verso una **maggiore consapevolezza e serenità**.

Oroscopo di Ottobre – Pesci

Ottobre sarà un mese decisivo per i **Pesci**, un periodo in cui la riflessione interiore si farà ancora più forte, ma dove anche i contatti con il mondo esterno saranno significativi. Con **Venere** in **Scorpione**, sarete in grado di vedere oltre le apparenze, sia nelle relazioni che in qualsiasi progetto personale. Le emozioni, che durante questo periodo potrebbero sembrare più intense, vi guideranno verso **connessioni più autentiche** con gli altri e con voi stessi.

Sarà un mese in cui l'amore, la passione e la lealtà giocheranno un ruolo fondamentale nelle vostre dinamiche.

La **Luna Nuova** del 14 ottobre in **Bilancia** sarà un momento importante per voi, un punto di partenza perfetto per fare chiarezza su ciò che volete davvero nella vita. Approfittate di questo periodo per concentrarvi su **nuovi inizi** e per riflettere su cosa vi rende veramente felici.

Sarà anche il momento di rafforzare **nuove alleanze** o progetti che, se ben pianificati, potrebbero avere **un impatto positivo** sulla vostra vita nei mesi successivi.

Le influenze di **Plutone** in **Capricorno**, nel vostro settore delle risorse comuni e finanziarie, vi incoraggiano a fare cambiamenti nelle vostre abitudini economiche e a valutare con attenzione ciò che merita di essere conservato.

I Pesci potrebbero scoprire di essere in grado di **trasformare le difficoltà passate** in opportunità per una crescita futura. Questo sarà un periodo per riprendersi dal passato e per sentirsi pronti a **volare alto** nel futuro.

Dal punto di vista fisico e emotivo, la **Luna Piena** del 28 ottobre, che si forma in **Toro**, vi invita a fare il punto della situazione sul vostro benessere generale. Prendetevi del tempo per riflettere su come il corpo, la mente e lo spirito siano connessi, e cercate di rimuovere ciò che non serve più per fare spazio a qualcosa di nuovo e positivo.

Cosa dicono le stelle?

Le stelle di ottobre vi suggeriscono di concentrarvi sull'intensità delle vostre emozioni e di imparare a trasformarle in risorse per la crescita. Le relazioni saranno una parte molto importante di questo mese, con Venere che accende la passione e la voglia di profondità.

La **Luna Nuova** di metà mese vi darà un'opportunità unica per **iniziare qualcosa di nuovo**, mentre la **Luna Piena** vi incoraggerà a rilasciare ciò che non vi serve più.

Cosa dicono i pianeti?

Venere in **Scorpione** alimenterà la passione e la voglia di impegno nelle relazioni. **Plutone** e **Saturno** continuano a favorire il cambiamento nelle strutture fondamentali della vostra vita. Mentre il mese si sviluppa, cercate di rimanere allineati con la vostra autenticità e i vostri desideri più profondi. La **Luna Piena** in Toro darà un finale potente al mese, spingendovi a prendere consapevolezza del vostro valore e a rilasciare le zavorre del passato.

Cosa accadrà di meraviglioso?

Questo mese vi porterà l'opportunità di fare il **salto** verso un nuovo capitolo della vostra vita, sia in ambito professionale che sentimentale.

I legami che riuscirete a stringere, o quelli che deciderete di coltivare, saranno di fondamentale importanza per la vostra evoluzione. **Una nuova visione** vi aiuterà a fare scelte più giuste, basate sulla consapevolezza e sull'intuizione che vi guideranno lungo il cammino.

Pianta del mese: Cavolo Nero

Il cavolo nero è simbolo di **forza e resilienza**, caratteristiche che i Pesci potrebbero aver bisogno di potenziare questo mese. Questa verdura dalle foglie scure è ricca di **nutrienti**, vitamine e antiossidanti, ed è una pianta che richiama la capacità di **rimanere radicati**, di affrontare le difficoltà con serenità.

Il cavolo nero è anche un simbolo di trasformazione e crescita interiore, quindi coltivarlo o consumarlo nei piatti di ottobre potrà essere un buon modo per rafforzarvi spiritualmente e fisicamente.

Ricetta del mese: Zuppa di Cavolo Nero e Fagioli

Una ricetta ricca e nutriente, perfetta per i primi freschi di ottobre, che stimola la vostra energia e vi dona forza e stabilità.

Ingredienti:

- 300 g di cavolo nero
- 200 g di fagioli cannellini
- 1 cipolla
- 2 spicchi d'aglio
- 2 carote
- 2 coste di sedano
- 1 litro di brodo vegetale
- 2 cucchiai di olio d'oliva
- 1 rametto di rosmarino
- Sale e pepe q.b.

Procedimento:

1. In una pentola capiente, fate soffriggere la cipolla, l'aglio, le carote e il sedano tritati nell'olio d'oliva fino a che non sono morbidi.
2. Aggiungete i fagioli (già cotti) e il brodo vegetale, portando a ebollizione.
3. Abbassate la fiamma e cuocete per circa 20 minuti. Nel frattempo, lavate e tagliate il cavolo nero in strisce.
4. Aggiungete il cavolo nero e il rosmarino alla zuppa, cuocendo per altri 10-15 minuti finché il cavolo non sarà tenero.
5. Aggiustate di sale e pepe. Servite la zuppa calda, con un filo d'olio d'oliva a crudo per esaltarne il sapore.

Personaggi famosi nati a Ottobre:

1. **Kim Kardashian** (21 ottobre 1980) – Personalità televisiva e imprenditrice
2. **Eminem** (17 ottobre 1972) – Rapper e produttore musicale
3. **Hugh Jackman** (12 ottobre 1968) – Attore
4. **Kylie Jenner** (10 ottobre 1997) – Imprenditrice e influencer
5. **Daniel Craig** (2 ottobre 1968) – Attore

Consiglio Mindfulness

Ottobre rappresenta un mese di **trasformazione profonda** per i Pesci, ma anche di **equilibrio interiore**.

La vostra naturale empatia e sensibilità vi spingono verso l'ascolto degli altri, ma quest'anno vi viene chiesto di **dedicare tempo anche a voi stessi**, alla vostra crescita personale e al rafforzamento della vostra autostima.

Un aspetto fondamentale della pratica mindfulness di ottobre sarà quello di **osservare le emozioni senza giudicarle**. È facile per i Pesci lasciarsi travolgere dai sentimenti, senza riuscire a discernere cosa sia autentico e cosa invece sia il riflesso delle vostre paure o insicurezze.

Vi invito a usare il **respiro consapevole** come strumento per fare chiarezza nelle situazioni emotive più complesse. Ogni volta che vi sentite sopraffatti, fermatevi e focalizzatevi sul respiro, provando a rilassare ogni parte del corpo.

In particolare, **l'auto-compassione** è un tema molto potente per voi questo mese. Essere troppo critici con voi stessi è un rischio che i Pesci corrono spesso, ma la mindfulness vi invita a trattarvi con la stessa gentilezza e amore che riservate agli altri. Ogni volta che vi sentite **inadeguati** o colpevoli, ricordatevi che **tutti commettono errori**, ma solo chi sa perdonarsi può evolvere veramente.

Meditate su questa verità, permettendo alla vostra mente di calmarsi e al vostro cuore di aprirsi.

Inoltre, questo mese, la mindfulness può aiutarvi a **fare chiarezza sulle vostre intenzioni future**.

Usate il tempo per concentrarvi sul **"qui e ora"**, senza lasciarvi distrarre da preoccupazioni sul futuro.

Ogni piccola azione quotidiana che compite, se fatta con consapevolezza, contribuisce a costruire il vostro cammino.

L'energia di ottobre richiede **decisioni consapevoli** e azioni che rispecchino il vostro autentico desiderio di crescita.

Mantenere il **focus sul presente** vi aiuterà a non perdere di vista i vostri obiettivi a lungo termine, ma anche a essere più in armonia con la vostra **natura intuitiva**.

Oroscopo di Novembre – Pesci

Novembre sarà un mese in cui i **Pesci** dovranno fare i conti con se stessi in modo profondo e autentico. Le energie planetarie suggeriscono che è il momento giusto per fare un passo indietro e riflettere su dove vi trovate nella vita e dove volete andare. Con **Mercurio** retrogrado fino al 14 novembre, potreste sentirvi temporaneamente più distratti o confusi, ma non temete: questo periodo è perfetto per rivedere le vostre decisioni passate, rielaborare vecchi progetti e chiarire obiettivi di lungo termine.

Il **Sole** in **Scorpione**, che illumina il settore delle relazioni e delle connessioni profonde, vi invita a spingervi oltre le superfici. Non solo le relazioni personali, ma anche quelle professionali saranno caratterizzate da un desiderio di verità e autenticità. Siete pronti a liberare il cuore e a dire ciò che pensate veramente? Questo mese vi incoraggia a farlo, senza paura di essere giudicati, senza timore di mostrare la vostra vulnerabilità.

La **Luna Piena** del 12 novembre in **Toro**, in quadratura con il vostro segno, metterà sotto i riflettori alcune aree della vostra vita che avevate tralasciato. La buona notizia è che potrete raccogliere i frutti di ciò che avete seminato nei mesi precedenti, ma questo non significa che sarà tutto facile. La tensione emotiva potrebbe essere alta, ma la **Luna Piena** vi spinge ad andare oltre il superficiale, a cercare **equilibrio** nelle vostre emozioni e a liberare ciò che non vi serve più.

Mentre **Giove** continua il suo percorso attraverso il segno del **Cancro**, vi invita a ricordare l'importanza delle radici: riconoscete il valore delle vostre origini e lasciate che queste ispirino il vostro cammino. Le vostre emozioni sono la chiave per raggiungere una maggiore **stabilità** interiore. Giove vi offre l'opportunità di **crescere** a livello emotivo, per cui non abbiate paura di lasciarvi guidare dai vostri sentimenti più profondi.

Il mese si concluderà con una importante **Luna Nuova** in **Sagittario**, il 26 novembre. Questo sarà un momento perfetto per piantare i semi di nuovi progetti che potrebbero manifestarsi nel futuro. Prendetevi del tempo per visualizzare ciò che desiderate realizzare e scrivete una lista di obiettivi. La Luna Nuova rappresenta **un nuovo inizio**, quindi approfittate di questa energia per guardare avanti con fiducia.

Cosa dicono le stelle?

Le stelle di novembre parlano di introspezione e **autocoscienza**. Il periodo di retrogradazione di Mercurio sarà un'opportunità per fermarsi e guardarsi dentro. Saranno fondamentali i momenti di solitudine, in cui poter recuperare energia. Le relazioni, soprattutto quelle più intime, avranno bisogno di essere rivalutate. Non abbiate paura di **scoprire** la vostra verità interiore, anche se potrebbe sembrare un cammino difficile.

Cosa dicono i pianeti?

Mercurio retrogrado farà risuonare alcuni dubbi e disagi, ma in realtà questi momenti di blocco sono utili per fare chiarezza. Le energie di **Plutone** e **Saturno** continuano ad influenzare la vostra ricerca di profondità. La **Luna Piena** in Toro è un momento di crescita, soprattutto a livello emotivo e interiore. Non abbiate paura di **affrontare le difficoltà**: sono essenziali per diventare più forti e consapevoli.

Cosa accadrà di meraviglioso?

La meraviglia di novembre risiede nel **cambiamento interiore** che vivrete. Questo mese vi guiderà verso una maggiore consapevolezza di voi stessi, rafforzando le vostre **radici emozionali** e preparandovi per l'inizio di nuovi cicli di crescita.

La **Luna Nuova** alla fine del mese darà vita a nuovi progetti che vi accompagneranno nel 2025.

Pianta del mese: Mela

La mela, frutto simbolo di rinnovamento e **rigenerazione**, rappresenta l'equilibrio tra il corpo e la mente. Le mele sono particolarmente utili per depurare l'organismo e stimolare la digestione, ma sono anche un frutto che invita alla **riflessione** e alla **crescita interiore**. Per i Pesci, novembre sarà il momento giusto per cogliere l'opportunità di raccogliere i frutti del lavoro interiore, proprio come un melo carico di frutti maturi. Potete anche piantare un melo o coltivare piccole piante di mela in casa, per stimolare energia positiva e prosperità.

Ricetta del mese: Torta di Mele e Cannella

Una ricetta semplice ma molto gustosa che sfrutta la dolcezza delle mele di stagione, con un tocco di cannella che richiamerà le energie calde e avvolgenti di novembre.

Ingredienti:

- 3 mele
- 200 g di farina
- 150 g di zucchero
- 2 uova
- 80 g di burro
- 1 bustina di lievito
- 1 cucchiaino di cannella
- Un pizzico di sale
- Zucchero a velo per decorare

Procedimento:

1. Preriscaldate il forno a 180°C. Imburrate e infarinate una teglia.
2. In una ciotola, mescolate le uova con lo zucchero fino a ottenere un composto spumoso. Aggiungete il burro fuso e mescolate bene.
3. Setacciate la farina con il lievito, il sale e la cannella, quindi incorporatela al composto di uova.
4. Sbucciate e affettate le mele, poi unitele all'impasto, mescolando delicatamente.
5. Versate l'impasto nella teglia e cuocete per 40-45 minuti, o fino a quando la torta non risulterà dorata e cotta all'interno.
6. Lasciate raffreddare e spolverizzate con zucchero a velo prima di servire.

Personaggi famosi nati a Novembre:

1. **Leonardo DiCaprio** (11 novembre 1974) – Attore
2. **Scarlett Johansson** (22 novembre 1984) – Attrice
3. **Mark Twain** (30 novembre 1835) – Scrittore
4. **Ru Paul** (17 novembre 1960) – Drag Queen e personaggio televisivo
5. **Katherine Heigl** (24 novembre 1978) – Attrice

Consiglio Mindfulness

Novembre è un mese particolarmente intenso per i **Pesci**, che potrebbero sentirsi sopraffatti dalla propria sensibilità. È un periodo di **rinnovamento emotivo**, in cui è necessario fare il punto della situazione, comprendere cosa è utile per la propria crescita e cosa invece va lasciato andare.

Il mese vi invita a fermarvi e ascoltare ciò che il vostro cuore ha da dire, mettendo in atto un processo di **autoconsapevolezza profonda**.

La mindfulness di novembre per i Pesci dovrebbe essere orientata alla **riflessione interiore**. È il momento perfetto per praticare la meditazione, soprattutto quella che aiuta a raccogliere i pensieri e a lasciar andare tutto ciò che è superfluo. Siate gentili con voi stessi durante questo periodo, accogliendo ogni emozione senza giudicarla. Ogni pensiero e ogni sentimento, che si tratti di gioia, paura o tristezza, è un messaggio che va ascoltato, e vi aiuterà a conoscervi meglio.

L'aspetto più importante della mindfulness per questo mese riguarda **l'accettazione di sé**. Soprattutto durante i momenti di difficoltà, ricordatevi di essere **grati per quello che siete**, per il viaggio che avete fatto fino a questo punto. Potrebbe sembrare che la vostra mente vaghi spesso in territori sconosciuti, ma è proprio in questi spazi di incertezza che si nasconde una grande ricchezza: la **possibilità di rinascere**. Accettate le vostre paure come una parte naturale di voi stessi, ma non lasciate che queste determino il vostro futuro.

Un altro aspetto fondamentale sarà la **rilettura della vostra vita** attraverso il **presente**. Il mese invita a rallentare e a **concentrarvi su ciò che conta davvero**: l'amore, la famiglia, gli amici, la crescita personale.

Fermatevi a guardare i frutti che avete seminato in passato e fate tesoro delle lezioni che vi hanno portato fin qui. Il presente è la chiave per costruire il futuro, e praticare la mindfulness durante questo mese vi aiuterà a non perdere di vista questo principio.

Infine, novembre è il mese ideale per **praticare la gratitudine** quotidiana. Ogni giorno, fermatevi a riflettere su una cosa positiva della vostra vita e scrivetela. Questo semplice gesto vi aiuterà a vedere la bellezza nelle piccole cose e a mantenere la mente focalizzata su ciò che avete già, piuttosto che su ciò che vi manca.

La gratitudine è una pratica potente che nutre l'anima, e questo mese i Pesci sono chiamati a usarla come strumento per un profondo rinnovamento interiore.

Oroscopo di Dicembre – Pesci

Dicembre si prospetta un mese di chiusura, di bilanci e, soprattutto, di **profonda riflessione** per i Pesci. La fine dell'anno porta con sé una sensazione di completezza, ma anche un bisogno di guardare al futuro con maggiore consapevolezza. Le stelle favoriranno il recupero e il rafforzamento della vostra energia emotiva, permettendovi di trovare la giusta direzione per il nuovo anno che sta per arrivare. Tuttavia, non sarà facile, perché il **Sole** in **Sagittario**, il segno dell'espansione e del cambiamento, farà emergere alcune tensioni interne legate alla ricerca di libertà e indipendenza, e il desiderio di mettere ordine nelle questioni più pratiche della vita.

Un aspetto significativo di questo mese sarà la **Luna Nuova** del 12 dicembre in **Sagittario**, che offrirà un'energia potente per intraprendere nuovi progetti e per fare chiarezza sulle vostre intenzioni future. Questo sarà un momento ideale per fare dei **nuovi inizi**, ma non dimenticate di riflettere su cosa è davvero importante per voi. Per i Pesci, le emozioni giocano un ruolo fondamentale, quindi cercate di **equilibrare il pensiero razionale** con l'intuizione che vi appartiene.

Il mese sarà anche caratterizzato da una forte **spinta verso la crescita personale**, alimentata dalla presenza di **Giove** in **Cancro** che, nonostante il suo movimento lento, continua a restituire quel senso di stabilità legato alle radici familiari e ai valori tradizionali. Sarà importante connettersi con le proprie origini e riscoprire quelle basi che, più di ogni altra cosa, vi danno forza nei momenti di incertezza.

Questo mese vi invita a **celebrare le vostre radici**, ad apprezzare ciò che siete e a riconoscere la bellezza in ciò che avete già costruito.

La presenza di **Mercurio** in **Sagittario** vi aiuterà a dare forma ai vostri pensieri e a chiarire questioni pratiche. La mente sarà più lucida, e anche se le emozioni sono sempre al centro, dicembre vi spingerà a non ignorare la razionalità. **Venere** in **Capricorno**, dal 9 dicembre, porterà un'aria di concretezza nelle vostre relazioni. Sarà il momento giusto per consolidare legami affettivi che possano portarvi sicurezza e stabilità emotiva.

La fine del mese vedrà l'**entrata del Sole** in **Capricorno**, un segno più pratico e razionale che porterà un momento di grande chiarezza. In generale, dicembre sarà un mese di **equilibrio tra emozioni e razionalità**, che vi aiuterà a **prendere decisioni importanti** con maggiore serenità e consapevolezza.

Cosa dicono le stelle?

Le stelle di dicembre parlano di **equilibrio**: tra il cuore e la mente, tra il bisogno di riflessione e la necessità di azione. Questo è un mese che vi invita a chiudere vecchi cicli per dare spazio a **nuove opportunità**, ma anche a fare bilanci e a fare chiarezza sul prossimo passo. Se avrete il coraggio di guardare in profondità dentro di voi, scoprirete che molte risposte sono già dentro di voi.

Cosa dicono i pianeti?

Giove in Cancro continua a richiamarvi alla **protezione** delle vostre radici familiari e affettive, mentre **Mercurio in Sagittario** offre una mente lucida per pensare e agire con determinazione. La **Luna Nuova** in Sagittario stimola i nuovi inizi, ma vi invita anche a fermarvi e riflettere sulla direzione da prendere. Questo mese sarà cruciale per raccogliere i frutti di quanto seminato, ma anche per fare una pulizia interiore che vi aiuterà a proseguire senza pesi inutili.

Cosa accadrà di meraviglioso?

La meraviglia di dicembre risiede nel **potenziale di trasformazione**.

Le emozioni che sembrano ancora confondere il vostro cammino troveranno una via di uscita grazie alla consapevolezza che emergerà dentro di voi.

La **Luna Nuova** porterà **nuove energie** per concretizzare i vostri sogni, soprattutto se riuscirete a mantenere il giusto equilibrio tra la vostra sensibilità emotiva e l'approccio pratico che il mese richiede.

Pianta del mese: Cicoria

La cicoria è una pianta che simbolizza la **forza interiore** e la **detossificazione**, ed è perfetta per concludere l'anno con una rinnovata chiarezza e vitalità. Le sue foglie, amare ma purificanti, aiutano a **ripulire** l'organismo dalle tossine accumulate durante l'anno e sono un ottimo rimedio per stimolare il buon funzionamento del fegato e dei reni.

La cicoria vi aiuterà a liberarvi da ciò che non serve più e a prepararvi per il futuro con una nuova energia.

Ricetta del mese: Zuppa di Cicoria e Patate

Una ricetta calda e confortante, ideale per l'inverno, che unisce la cicoria, simbolo di purificazione, alle patate, per un piatto nutriente e saziante.

Ingredienti:

- 300 g di cicoria fresca
- 400 g di patate
- 1 cipolla
- 2 spicchi d'aglio
- 500 ml di brodo vegetale
- 2 cucchiai di olio extravergine d'oliva
- Sale e pepe q.b.
- Un cucchiaino di peperoncino (opzionale)
- Un cucchiaio di parmigiano grattugiato (facoltativo)

Procedimento:

1. Lavate accuratamente la cicoria e tagliatela a pezzetti. Sbucciate e tagliate le patate a cubetti.
2. In una pentola capiente, scaldate l'olio d'oliva e soffriggete la cipolla tritata finemente e l'aglio schiacciato per qualche minuto.
3. Aggiungete le patate e mescolate bene. Dopo qualche minuto, aggiungete la cicoria e fate insaporire.
4. Versate il brodo vegetale e lasciate cuocere a fuoco medio per circa 20 minuti, fino a quando le patate saranno morbide.
5. Aggiustate di sale e pepe e, se vi piace,

aggiungete un pizzico di peperoncino per un tocco di piccantezza.
6. Servite la zuppa calda, con una spolverata di parmigiano grattugiato, se lo desiderate.

Personaggi famosi nati a Dicembre:

1. **Walt Disney** (5 dicembre 1901) – Imprenditore e creatore di Disney
2. **Jane Austen** (16 dicembre 1775) – Scrittrice
3. **Frank Sinatra** (12 dicembre 1915) – Cantante e attore
4. **Brad Pitt** (18 dicembre 1963) – Attore
5. **Christina Aguilera** (18 dicembre 1980) – Cantante

Consiglio Mindfulness

Dicembre è un mese di **conclusione** e di riflessione, quindi per i Pesci la mindfulness sarà centrata sull'**accettazione** e sulla **gratitudine**.

È il momento di fermarsi per fare un bilancio, di concedervi uno spazio di tranquillità per riflettere su tutto ciò che è accaduto durante l'anno.

Praticare la mindfulness in questo mese significa entrare in un flusso di consapevolezza che vi permetterà di fare pace con voi stessi e con gli altri, chiudendo con serenità il ciclo dell'anno.

Una pratica mindfulness utile potrebbe essere quella di **prendersi del tempo ogni giorno per riflettere**.

Siediti in un luogo tranquillo, chiudi gli occhi e fai alcuni respiri profondi. Porta la tua attenzione al cuore e chiediti cosa ti ha insegnato quest'anno.

Quali sono stati i momenti difficili che ti hanno portato crescita? E quali sono i momenti di gioia che vuoi ricordare? Porta alla luce questi pensieri senza giudizio. La consapevolezza di sé si costruisce accogliendo anche ciò che non è stato perfetto.

Una seconda pratica potrebbe essere quella di creare un **diario di gratitudine**, dedicando ogni giorno un momento per scrivere tre cose per cui sei grato. Questo semplice gesto può cambiare completamente la vostra prospettiva, aiutandovi a mantenere un atteggiamento positivo.

Anche nei momenti di difficoltà, praticare gratitudine vi aiuterà a ricordare che **tutto ciò che avete vissuto è parte di un viaggio,** e ogni passo vi ha portato a essere chi siete oggi.

La gratitudine apre la porta a un anno nuovo di possibilità.

Infine, dicembre è il mese ideale per **trovare la pace attraverso la meditazione.**

Ogni mattina, prima di iniziare la giornata, dedicatevi

5-10 minuti di meditazione, focalizzandovi sul respiro e lasciando andare ogni pensiero negativo.

Questa pratica di calma e centratura sarà fondamentale per entrare nel nuovo anno con una mente chiara e serena, pronta ad affrontare le sfide future.

Epilogo

Mentre chiudiamo questo viaggio straordinario attraverso le stelle, le parole di questo libro non rappresentano una fine, ma un nuovo inizio. Ogni segno zodiacale, ogni previsione, ogni consiglio di mindfulness è stato un tassello di un mosaico più grande, un invito a vivere il 2025 con una rinnovata consapevolezza e una profonda connessione con noi stessi e l'universo. Alexandre Tower ci ha guidato con passione e sensibilità in un mondo dove i pianeti lontani e le galassie infinite sembrano risuonare con i nostri sogni più intimi, le nostre paure, e le nostre speranze.

In questo libro, l'astrologia non è stata solo un'arte antica di interpretare i movimenti celesti, ma un ponte verso la mindfulness, un mezzo per radicarci nel presente e per affrontare le sfide della vita con serenità e grazia. Ogni mese è stato una celebrazione della nostra unicità e della nostra capacità di trasformare gli eventi quotidiani in opportunità di crescita.

Abbiamo imparato a riconoscere le influenze cosmiche non come limiti, ma come trampolini di lancio per diventare versioni migliori di noi stessi.

La Saggezza delle Stelle

Le stelle non sono mai state semplici osservatrici silenziose.

Brillano per ispirarci, per ricordarci che l'universo è in costante movimento, proprio come noi.

I transiti planetari, gli aspetti e le configurazioni celesti sono stati interpretati non per predire con certezza ciò che accadrà, ma per mostrarci le infinite possibilità che possiamo cogliere. Questo approccio ha trasformato ogni segno zodiacale in una guida personale e ogni mese in un'opportunità per riflettere, pianificare e agire.

Abbiamo esplorato le caratteristiche uniche di ogni segno, ma ci siamo anche riconosciuti nelle somiglianze universali che ci uniscono come esseri umani.

Ognuno di noi, sotto il cielo, è parte di una danza cosmica che ci invita a connetterci con il mondo, con gli altri e con noi stessi.

La Magia della Mindfulness

La mindfulness, intrecciata con l'astrologia, è stata il cuore pulsante di questo libro. I consigli pratici di Alexandre ci hanno ricordato che, indipendentemente da ciò che le stelle indicano, il potere di vivere pienamente risiede sempre dentro di noi. Attraverso esercizi di consapevolezza, meditazioni guidate e momenti di riflessione, siamo stati incoraggiati a rallentare, ad ascoltare e ad essere presenti.

Ogni capitolo di mindfulness è stato un invito a mettere in pausa il caos della vita quotidiana e a concentrarci su ciò che conta davvero: il nostro respiro, i nostri pensieri, i nostri sentimenti e le nostre azioni. In questo modo, abbiamo imparato che il vero allineamento non è solo con le stelle, ma anche con il nostro cuore e la nostra mente.

La Cucina come Rito di Consapevolezza

Le ricette che hanno arricchito questo libro non sono state semplicemente un'appendice culinaria, ma un modo per portare la mindfulness nella vita quotidiana. Attraverso l'arte del cucinare, Alexandre ci ha mostrato come ogni gesto, ogni ingrediente, e ogni piatto possano diventare un atto di amore verso noi stessi e verso gli altri.

Dalla pasta al forno ai piatti di pesce, dai dolci che evocano memorie d'infanzia alle pietanze che celebrano la stagione, ogni ricetta è stata un invito a rallentare, a godere dei sapori e a riconoscere la bellezza nascosta nei dettagli. In un mondo che spesso ci spinge a correre, Alexandre ci ha insegnato a riscoprire il piacere della lentezza, a trovare gioia nella semplicità e a creare connessioni profonde attraverso il cibo.

Un Omaggio ai Personaggi Famosi

I personaggi famosi che abbiamo incontrato lungo il percorso sono stati una fonte di ispirazione. Le loro vite, segnate dalle sfide e dai trionfi, ci hanno ricordato che anche chi sembra essere sotto una luce brillante ha affrontato momenti di ombra. Le loro storie ci hanno incoraggiato a trovare forza nelle nostre debolezze e a celebrare i nostri successi, grandi e piccoli.

Ogni mese ha reso omaggio a figure che, con il loro talento e il loro coraggio, hanno lasciato un segno nel mondo. Da queste stelle terrestri abbiamo imparato che la determinazione e la passione possono superare ogni ostacolo, e che ognuno di noi ha il potenziale per brillare.

Un Viaggio Senza Fine

"OROSCOPO 2025 MINDFULNESS" è stato progettato non solo per accompagnarci lungo un anno, ma per restare con noi come una guida per la vita. Ogni volta che rileggeremo le sue pagine, troveremo nuovi spunti di riflessione, nuovi insegnamenti e nuove ispirazioni.

Le stelle continueranno a brillare, il tempo continuerà a scorrere, ma la consapevolezza che abbiamo coltivato resterà con noi, un faro che ci guiderà anche nei momenti più bui. Questo libro è un invito a vivere con intenzione, a celebrare ogni giorno come un dono e a ricordare che, anche quando il cielo sembra nuvoloso, le stelle sono sempre lì, pronte a illuminarci.

Alexandre ci lascia con un messaggio di speranza e di fiducia: il 2025 sarà un anno straordinario, se sceglieremo di viverlo con il cuore aperto e la mente presente.

Un Ringraziamento Finale

A tutti i lettori che hanno intrapreso questo viaggio, un profondo ringraziamento. Che le stelle vi guidino, che la mindfulness vi nutra, e che ogni giorno sia un passo verso una vita più piena, consapevole e autentica.

Con l'augurio che "OROSCOPO 2025 MINDFULNESS" sia stato non solo un libro, ma un compagno, un alleato, e un ispiratore, vi invitiamo a portare con voi questa consapevolezza ovunque andiate.

Le stelle sono sempre sopra di noi, e la forza di vivere è sempre dentro di noi.

Buon viaggio nelle meraviglie del 2025!

Indice dei segni zodiacali

Ariete (21 marzo - 19 aprile)

- **Elemento:** Fuoco
- **Governato da:** Marte
- **Caratteristiche:** Coraggioso, impulsivo, dinamico.
- **Pietra fortunata:** Rubino
- **Giorno fortunato:** Martedì
- **Numero fortunato:** 9
- **Metallo associato:** Ferro
- **Hobby consigliati:** Sport competitivi, escursioni, giochi di strategia.
- **Animale totem:** Ariete (montone)
- **Punto del corpo governato:** Testa e volto
- **Affinità di coppia:** Leone, Sagittario
- **Fiore preferito:** Tulipano
- **Colore preferito:** Rosso
- **Giorno preferito:** Mercoledì

Toro (20 aprile - 20 maggio)

- **Elemento:** Terra
- **Governato da:** Venere
- **Caratteristiche:** Stabilità, praticità, sensualità.
- **Pietra fortunata:** Smeraldo
- **Giorno fortunato:** Venerdì
- **Numero fortunato:** 6
- **Metallo associato:** Rame
- **Hobby consigliati:** Cucina, giardinaggio, lavori manuali.
- **Animale totem:** Toro

- **Punto del corpo governato:** Collo e gola
- **Affinità di coppia:** Vergine, Capricorno
- **Fiore preferito:** Rosa
- **Colore preferito:** Verde
- **Giorno preferito:** Sabato

Gemelli (21 maggio - 20 giugno)

- **Elemento:** Aria
- **Governato da:** Mercurio
- **Caratteristiche:** Curioso, comunicativo, adattabile.
- **Pietra fortunata:** Agata
- **Giorno fortunato:** Mercoledì
- **Numero fortunato:** 5
- **Metallo associato:** Mercurio
- **Hobby consigliati:** Lettura, scrittura, giochi di parole.
- **Animale totem:** Farfalla
- **Punto del corpo governato:** Braccia e mani
- **Affinità di coppia:** Bilancia, Acquario
- **Fiore preferito:** Lavanda
- **Colore preferito:** Giallo
- **Giorno preferito:** Giovedì

Cancro (21 giugno - 22 luglio)

- **Elemento:** Acqua
- **Governato da:** Luna
- **Caratteristiche:** Emotivo, protettivo, intuitivo.
- **Pietra fortunata:** Perla
- **Giorno fortunato:** Lunedì
- **Numero fortunato:** 2

- **Metallo associato:** Argento
- **Hobby consigliati:** Cucina, fotografia, decorazione della casa.
- **Animale totem:** Granchio
- **Punto del corpo governato:** Petto e stomaco
- **Affinità di coppia:** Scorpione, Pesci
- **Fiore preferito:** Giglio
- **Colore preferito:** Argento
- **Giorno preferito:** Domenica

Leone (23 luglio - 22 agosto)

- **Elemento:** Fuoco
- **Governato da:** Sole
- **Caratteristiche:** Generoso, fiero, creativo.
- **Pietra fortunata:** Ambra
- **Giorno fortunato:** Domenica
- **Numero fortunato:** 1
- **Metallo associato:** Oro
- **Hobby consigliati:** Recitazione, disegno, sport individuali.
- **Animale totem:** Leone
- **Punto del corpo governato:** Cuore e colonna vertebrale
- **Affinità di coppia:** Ariete, Sagittario
- **Fiore preferito:** Girasole
- **Colore preferito:** Oro
- **Giorno preferito:** Venerdì

Vergine (23 agosto - 22 settembre)

- **Elemento:** Terra
- **Governato da:** Mercurio
- **Caratteristiche:** Analitico, preciso, pratico.
- **Pietra fortunata:** Zaffiro
- **Giorno fortunato:** Mercoledì
- **Numero fortunato:** 7
- **Metallo associato:** Platino
- **Hobby consigliati:** Scrittura, puzzle, cura degli animali.
- **Animale totem:** Volpe
- **Punto del corpo governato:** Intestino e sistema digestivo
- **Affinità di coppia:** Toro, Capricorno
- **Fiore preferito:** Gelsomino
- **Colore preferito:** Marrone
- **Giorno preferito:** Martedì

Bilancia (23 settembre - 22 ottobre)

- **Elemento:** Aria
- **Governato da:** Venere
- **Caratteristiche:** Equilibrato, diplomatico, elegante.
- **Pietra fortunata:** Quarzo rosa
- **Giorno fortunato:** Venerdì
- **Numero fortunato:** 8
- **Metallo associato:** Rame
- **Hobby consigliati:** Moda, design d'interni, danza.
- **Animale totem:** Colomba

- **Punto del corpo governato:** Reni e pelle
- **Affinità di coppia:** Gemelli, Acquario
- **Fiore preferito:** Orchidea
- **Colore preferito:** Blu
- **Giorno preferito:** Sabato

Scorpione (23 ottobre - 21 novembre)

- **Elemento:** Acqua
- **Governato da:** Plutone e Marte
- **Caratteristiche:** Intenso, passionale, misterioso.
- **Pietra fortunata:** Opale
- **Giorno fortunato:** Martedì
- **Numero fortunato:** 4
- **Metallo associato:** Ferro
- **Hobby consigliati:** Yoga, investigazione, giochi di carte.
- **Animale totem:** Aquila
- **Punto del corpo governato:** Apparato riproduttivo
- **Affinità di coppia:** Cancro, Pesci
- **Fiore preferito:** Peonia
- **Colore preferito:** Nero
- **Giorno preferito:** Giovedì

Sagittario (22 novembre - 21 dicembre)

- **Elemento:** Fuoco
- **Governato da:** Giove
- **Caratteristiche:** Ottimista, avventuroso, filosofico.
- **Pietra fortunata:** Turchese
- **Giorno fortunato:** Giovedì

- **Numero fortunato:** 3
- **Metallo associato:** Stagno
- **Hobby consigliati:** Viaggi, filosofia, sport estremi.
- **Animale totem:** Cavallo
- **Punto del corpo governato:** Fianchi e cosce
- **Affinità di coppia:** Ariete, Leone
- **Fiore preferito:** Garofano
- **Colore preferito:** Viola
- **Giorno preferito:** Domenica

Capricorno (22 dicembre - 19 gennaio)

- **Elemento:** Terra
- **Governato da:** Saturno
- **Caratteristiche:** Ambizioso, disciplinato, responsabile.
- **Pietra fortunata:** Onice
- **Giorno fortunato:** Sabato
- **Numero fortunato:** 10
- **Metallo associato:** Piombo
- **Hobby consigliati:** Escursionismo, collezionismo, lettura storica.
- **Animale totem:** Capra
- **Punto del corpo governato:** Ginocchia
- **Affinità di coppia:** Toro, Vergine
- **Fiore preferito:** Violetta
- **Colore preferito:** Grigio
- **Giorno preferito:** Lunedì

Acquario (20 gennaio - 18 febbraio)

- **Elemento:** Aria
- **Governato da:** Urano e Saturno
- **Caratteristiche:** Innovativo, umanitario, indipendente.
- **Pietra fortunata:** Ametista
- **Giorno fortunato:** Sabato
- **Numero fortunato:** 11
- **Metallo associato:** Uranio
- **Hobby consigliati:** Tecnologia, pittura, volontariato.
- **Animale totem:** Gufo
- **Punto del corpo governato:** Caviglie
- **Affinità di coppia:** Gemelli, Bilancia
- **Fiore preferito:** Narciso
- **Colore preferito:** Azzurro
- **Giorno preferito:** Venerdì

Pesci (19 febbraio - 20 marzo)

- **Elemento:** Acqua
- **Governato da:** Nettuno
- **Caratteristiche:** Sensibile, intuitivo, sognatore.
- **Pietra fortunata:** Acquamarina
- **Giorno fortunato:** Giovedì
- **Numero fortunato:** 12
- **Metallo associato:** Platino
- **Hobby consigliati:** Pittura, musica, meditazione.
- **Animale totem:** Delfino
- **Punto del corpo governato:** Piedi
- **Affinità di coppia:** Cancro, Scorpione
- **Fiore preferito:** Loto
- **Colore preferito:** Turchese
- **Giorno preferito:** Sabato

www.ingramcontent.com/pod-product-compliance
Lightning Source LLC
Chambersburg PA
CBHW070112230526
45472CB00004B/1227

* 9 7 9 8 3 0 0 4 0 7 0 0 1 *